图 1　红颜果实

图 2　枥乙女果实

图 3　幸香果实

图 4　宝交早生

图 5　图得拉果实

图 6　甜查理果实

图 7　全明星果实

图 8　蛇眼病

图 9　匍匐茎炭疽病

图 10　白粉病

图 11　灰霉病

图 12　黄萎病

图 13 红中柱根腐病

4

地上部枯死状

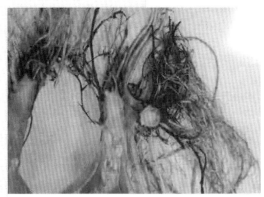

图14 枯萎病

图 15　螨类危害

芽线虫病害

根结线虫危害

健康根

图 16　线虫病

图 17　除草剂处理后

图 18　除草剂危害状

图 19　缺素症状

图 20　花器官受冻

图 21　重茬障碍症状

一本书明白

草莓
速丰安全高效
生产关键技术

YIBENSHU

MINGBAI

CAOMEI SUFENG

ANQUAN GAOXIAO

SHENGCHAN

GUANJIAN JISHU

"十三五"国家重点
图书出版规划

新型职业农民书架·
种能出彩系列

杜国栋 段敬杰 张俊涛 主编

山东科学技术出版社 山西科学技术出版社 中原农民出版社
江西科学技术出版社 安徽科学技术出版社 河北科学技术出版社
陕西科学技术出版社 湖北科学技术出版社 湖南科学技术出版社
中原农民出版社
联合出版

……莓速丰……全高效生产关键技术/杜国栋，段敬杰，……

……州：中原农民出版社，2018.8

……新型……农民书架·种能出彩系列）

ISBN 978-7-5542-1984-3

Ⅰ.①一… Ⅱ.①杜… ②段… ③张… Ⅲ.①草莓-果树园艺

Ⅳ.①S668.4

中国版本图书馆CIP数据核字（2018）第175008号

一本书明白草莓速丰安全高效生产关键技术

主　编　杜国栋　段敬杰　张俊涛

出版发行	中原出版传媒集团　中原农民出版社	
	（郑州市经五路66号　邮编：450002）	
电　话	0371-65788655	
印　刷	河南安泰彩印有限公司	
开　本	787mm×1092mm　1/16	
印　张	7.25	
彩　插	8	
字　数	119千字	
版　次	2018年11月第1版	
印　次	2018年11月第1次印刷	
书　号	ISBN 978-7-5542-1984-3	
定　价	39.90元	

编　委　会

主　编　　杜国栋　沈阳农业大学
　　　　　段敬杰　河南省农业科学院
　　　　　张俊涛　河南省农业科学院
副主编　　宋　良　辽宁省海城市果业技术推广站
　　　　　刘旭新　辽宁省阜新市林业局
　　　　　王素素　河北省内丘县林业局
　　　　　张丽英　辽宁省大石桥市农业技术推广中心
　　　　　郭玉婷　中化化肥有限公司河南分公司
　　　　　汪晓谦　沈阳农业大学
　　　　　李　军　辽宁省果蚕管理总站

目录
Contents

一、草莓生产须知

1. 什么是草莓设施栽培?

草莓设施栽培是区别于草莓露地栽培的一种特殊栽培模式,是指在不适宜草莓植株生长发育的自然生态条件下,将草莓秧苗置于各类保护设施内(如日光温室、玻璃温室、塑料大棚及小拱棚等),利用各种人工调控措施控制设施内的环境条件,模拟外界自然环境条件而创造出适宜草莓生长发育的小气候,从而克服寒冬或热夏对草莓植株生长不利的影响,使其正常生长结实,达到提早或延迟草莓采收期的效果。它弥补了草莓露地栽培的鲜果供应期短的缺点,满足草莓鲜果销售市场周年供应的需求。

2. 世界各国草莓设施栽培现状如何?

草莓栽培约始于 14 世纪,目前世界各国几乎都有草莓栽培,中国、美国、意大利、波兰、西班牙、日本和韩国等都是草莓生产大国。19 世纪荷兰和法国开始将双面玻璃温室用于草莓栽培,19 世纪后期温室栽培技术从欧洲传入美洲及世界各地,以单面日光温室为主要保护设施,草莓秧苗地面栽培为主的草莓设施栽培模式得以快速发展。亚洲国家日本在设施草莓的品种选育、栽培技术革新及设施环境条件调控等方面一直处于世界领先水平。20 世纪 90 年代后期,受社会人口老龄化倾向等因素影响,日本开始进行草莓设施栽培模式革新研究,作为省力化栽培典范的草莓高效栽培方式应运而生,派生出多种栽培模式并逐渐得到推广应用,成为目前生产中一类重要的设施栽培形式。

3. 我国草莓设施栽培现状怎么样？

我国的草莓栽培始于 1915 年，经过发展形成北起黑龙江南至广州均有草莓栽培的生产格局。截至 2010 年，我国草莓栽培面积已超过 200 万亩（1 亩＝1/15 公顷），年产量达 200 万吨，栽培面积和产量均跃居世界第一位，成为世界性的草莓生产大国。20 世纪 80 年代中后期，草莓设施栽培在我国逐渐开始发展起来，而且面积不断扩大，形成了日光温室、塑料大棚、中小棚等多种设施栽培形式。由于不同栽培地区的气候条件、资源优势特点和消费习惯等的不同，出现了具有地方特色的规模化草莓生产基地。20 世纪 90 年代后期，辽宁、河北、山东、浙江、安徽、四川、上海和北京等地成为我国重要的草莓产区，涌现出辽宁东港、河北满城、北京昌平、安徽长丰等重要的草莓生产及出口基地。2009 年，陕西省西安市长安区建立了设施栽培草莓技术示范点 70.05 亩，实现了草莓在 12 月上旬上市，平均效益可达 2.59 万元／亩。目前，我国草莓设施栽培模式、育苗方式和栽培技术处于相对发达的水平，基本实现从当年 11 月到第二年 6 月的草莓鲜果市场供应期，不仅满足了消费市场的需求，更增加了生产者和经营者的经济效益，还成为许多地区高效农业的主导产业。

4. 我国草莓主要栽培产区分布如何？有什么特点？

目前，我国大部分地区均可栽培草莓，依地理位置和自然条件，将草莓产区划分为三大产区，即北方产区、中部产区和南方产区。北方产区主要包括黑、吉、辽、蒙、冀、鲁、豫、晋、甘、陕、新、京等省区，以日光温室促成栽培、大棚半促成栽培、小拱棚早熟栽培等为主。中部产区主要包括皖、苏、沪、川、浙、鄂、赣等省区，是地膜覆盖露地栽培、小拱棚早熟栽培、大棚促成与半促成栽培等多种栽培方式共存的区域。南方产区主要包括台湾、广东和海南等省区，主要以地膜覆盖的草莓露地栽培及大棚栽培为主。

5. 草莓栽培市场前景如何？

草莓是蔷薇科草莓属的多年生常绿草本植物，作为一种世界范围内广泛栽培的小浆果，其产量和面积在小浆果生产中居首位。草莓适应性强，繁殖迅速，苗木成本低廉，具有结果早、周期短、见效快、收益高等优点，除可鲜食，还可深加工成高收益低成本的果汁、果酱、果干、果脯、果酒、罐头等草莓食品。利用设施进行草莓栽培可以实现鲜果周年供应，成为元旦、春节、端午节等中国传统节日的畅销果品，弥补了水果淡季市场的空白，满足广大消费者对季节性果品的需求。如设施草莓鲜果在元旦和春节期间上市，市场价格每千克可高达 30～60 元，较露地草莓栽培有很高的收益，是增加农民经济收入的好项目，具有非常好的发展前景，值得大力推广。

6. 草莓有什么营养价值?

草莓营养价值丰富，被誉为"水果皇后"。含有丰富的维生素 A、维生素 C、维生素 E、B 族维生素、胡萝卜素、鞣酸、天冬氨酸、草莓胺、果胶、纤维素、叶酸、铜、铁、钙与花青素等营养物质。尤其是它维生素 C 的含量比苹果、葡萄高 7～10 倍，苹果酸、柠檬酸、维生素 B_1、维生素 B_2 以及胡萝卜素、钙、磷、铁的含量也比苹果、梨、葡萄高 3～4 倍。草莓富含胡萝卜素与维生素 A，可缓解夜盲症，具有维护上皮组织健康、明目养肝、促进生长发育之效。草莓也含有丰富的膳食纤维，可促进胃肠道的蠕动，促进胃肠道内的食物消化，改善便秘，预防痤疮、肠癌的发生。

7. 近年来草莓价格走势如何?

这几年来，营养丰富、柔嫩多汁的草莓鲜果一直是节假日期间的畅销水果，身价随着畅销一路水涨船高。春节期间，辽宁东港的红颜、章姬等品质优良的草莓品种零售价格高达 80 元 / 千克，销售到外地市场价格更高。即便在销售淡季，草莓的零售价格也能够达到 5～10 元 / 千克。随着设施草莓栽培面积的增加和受消费能力所限，设施草莓鲜果的销售价格逐渐趋于稳中有降的态势。维持现有设施草莓栽培面积，提高栽培技术水平，不断提高果实的品质，是我国未来设施草莓的发展方向。

8. 草莓加工状况如何?

目前，我国的草莓出口主要是以初级加工产品为主，大多为冷冻草莓、脱水草莓。20 世纪 90 年代初期开始，我国开始有少量冷冻草莓出口，主要以加工品种戈里拉等为主，由于销售渠道不畅、市场信息闭塞等因素，当时出口量少，价格较低。随着国际经济一体化进程加快，中国融入世界经济的步伐加快，我国的草莓产业发展水平被国际市场所认识。草莓出口量逐年上升，同时对出口的草莓品种也有不同的要求，由单一的种什么品种出口什么果品，发展到按照市场需求而种植相应的品种。种植方式也由零散的一家一户的种植方式，逐渐向集约化的农场式的规模发展，产品质量也不断提高。草莓加工产品的种类逐渐丰富，由原来的单体速冻发展到加糖草莓、奶油巧克力草莓、脱水草莓、糖渍草莓等多种产品，出口数量也逐年增长，步入了按国际市场需求而发展的道路。

9. 如何提高我国草莓出口的竞争能力？

从战略高度认识中国草莓加工出口问题，以把中国建成世界上最大的、最有竞争力的草莓加工出口基地为出发点，进行科学、合理的规划。各级政府应从宏观上进行产业掌控，进行详尽的市场环节分析，并及时给予产业发展方向指导，理顺加工企业和草莓生产者的关系，合理配置各类资源，不断增加草莓出口市场的份额。

加强行业协会的建设和管理，规范生产企业行为，防止行业内恶性竞争。从草莓市场发展变化来看，在销售市场需求旺盛时，往往会放松对产品质量的要求，这使我国草莓的市场声誉受到很大损害。另一方面，当销售市场不景气时，为了招揽客户和增加销售量，企业之间又进行恶性竞争，导致草莓出口价格大幅滑落，损害了多数企业和种植户的利益，对我国草莓出口造成很坏的影响。因此，应成立一个负责任的草莓行业协会，理顺草莓生产、销售、出口各环节的关系，确保我国草莓出口的顺畅。

严把草莓出口产品的质量关，提高产品的声誉，实现质量标准与国际标准相接轨。目前，我国的草莓出口产品质量标准与国外的市场消费要求不同步，诸如农药残留超标等问题还时常发生，这些问题往往是分散经营所致。因此，要加强草莓种植户的产品质量安全的宣传指导，同时要逐步实行草莓生产集约化、农场化的规模化经营方式，统一种植管理标准和技术水平，确保原料产品质量。

实行出口品种多元化战略，防止品种单一化，影响市场竞争。分析历年的草莓销售市场变化，曾多次出现栽培的品种过剩滞销，而国际市场需求的品种又没有种植规模的现象。为了应对国际市场需求和生产规律，应该从战略上高度重视种植结构的调整，确立品种多元化的生产策略，避免品种单一化带来的后果。

提高种植技术水平，实行多种栽培模式并存的格局。目前，我国的草莓种植方式相对单一，收获上市过于集中，加之加工能力跟不上，又出现销售困难的问题。平畦栽培作为主要的栽培方式，易造成烂果现象。参差不齐的栽培管理水平，使草莓原料品质达不到商品需求标准，造成出口滞销。因此，需要有计划地实行多种栽培形式的搭配，分散草莓的上市时间，达到既丰产也丰收的目的。

强化知识产权概念，防止侵权事件的发生，抵御技术贸易壁垒带来的风险。目前，我国草莓出口所用品种以国外品种为主，容易造成品种侵权而导致赔偿纠纷问题。例如，日本已通过修改种苗法，使用 DNA 检测等手段，防止其品种被侵权使用。我国的草莓加工出口正面临不可忽视的知识产权问题，必须提高警惕性，采取各种措施抵御技术贸易壁垒带来的负面影响。

10. 我国草莓设施栽培存在什么问题？

（1）产业化程度低　我国设施草莓生产基地零星分散，以农户在自家承包地上生产为主，产业化程度较低。带动能力强的龙头企业不多，农民组织化程度低，产业链上各经营环节间的利益分配严重不公，市场体系不健全，产销相对脱节，这些问题制约了我国草莓产业组织化和集约化程度。

（2）栽培技术落后　设施草莓栽培中很少配置授粉品种，而且缺乏专业化的草莓种苗繁育体系，长期用生产田或利用空闲地块繁育种苗，土壤消毒和种苗脱毒等技术的应用较少。育苗过程中低温、短日照处理、假植、营养钵等技术应用较少。设施保温条件差，设施内温度低，土壤板结，湿度高，病害严重。此外，测土配方施肥技术没有广泛推广应用。

（3）重茬障碍突出　随着我国草莓设施栽培面积的扩大和种植年限的增长，草莓重茬障碍问题愈发严重，致使草莓果实品质下降，产量降低，甚至绝产绝收，栽培效益大大降低。这严重影响了种植户的积极性，成为目前限制设施草莓生产发展的重要因素之一。

11. 我国草莓引种工作现状如何?

世界草莓生产国的地理位置不同，土壤类型和气候条件差异很大，因而需要适合本国生产条件的草莓品种。目前，全世界共培育有草莓品种2 000个以上，美国、日本、西班牙、荷兰、法国等国家在草莓育种上处于世界前列。引进和栽培国外草莓品种，是我国草莓产业发展中不可逾越的阶段。20世纪80年代，农业部下达了草莓种质资源圃建立及新品种选育课题，各主要草莓生产省区相关部门也相继投入资金进行草莓育种方面的研究，使我国草莓生产和科研进入了新的发展阶段。一些科研单位或部门在草莓品种引进、收集资源、杂交育种、生物技术等方面进行了较多的研究工作，使我国草莓育种和生产得到迅速发展。目前，我国在草莓品种选育方面还落后于先进国家，需要不断努力赶上。

我国地域辽阔，各地的气候、土壤条件等不同，草莓新品种必须首先适应当地的环境条件。因此，栽培品种的选择因地域不同而存在差异。南方地区、高温多湿地区以早熟、优质、丰产、耐热、耐储运品种为主，北方地区、寒冷地区以优质、丰产、耐寒品种为主。随着我国草莓产业快速发展对优质品种的需求越发强烈，国内许多研究单位开展了草莓新品种的选育工作，江苏省农业科学院园艺研究所、沈阳农业大学、北京市农林科学院林业果树研究所、山西果树研究所、上海市农业科学院园艺研究所等单位陆续开展了研究工作，并取得很好的研究成果，在一定程度上改善了我国草莓品种严重落后的局面。

12. 设施草莓生产中早熟品种有哪些?

（1）红颜 日本草莓品种，是日本静冈县杂交育成的早熟栽培品种，亲本为章姬×幸香。红颜的植株较直立，生长势强。叶色淡绿，有光泽。果实整齐，外形圆锥形。果面呈鲜红色。果肉黄、白色，味甜，风味浓，有香气（彩图1）。一、二级果平均单果重28克，最大单果重100克。可溶性固形物12%～14%。丰产性能好，亩产可达2 700～3 300千克。适合日光温室及大棚设施促成和半促成栽培。

（2）枥乙女　日本中熟草莓品种，1990年在日本枥木县杂交育成，亲本为久留米49号×枥峰，从杂交后代中选出优系枥木15号，1996年正式定名为枥乙女。植株长势强旺，叶色深绿，叶大而厚，大果型品种。果圆锥形，鲜红色，具光泽，果面平整，外观品质好（彩图2）。果肉淡红，果心红色。果实汁液多，酸甜适口，品质优。果实较硬，耐储运性较强。抗病性较强，较丰产。适合日光温室及大棚设施促成和半促成栽培。

（3）章姬　日本草莓品种，1985年在静冈县杂交育成，亲本为久能早生×女峰，1992年正式登录命名。植株高，生长强旺。叶片大但较薄，叶片数较少。果实较大，长圆锥形，外观美，畸形果少。果面红色，略有光泽。果肉淡红色，果心白色，品质好，味甜。果较软，不适于远距离运输。花序长，每花序上果较少，第一级序果大，但后级序果较小，与第一级序果相差较远。极早熟品种，休眠期很短。章姬在丰产性、果实硬度等方面不如女峰，但果实早熟及果形呈长圆锥形是其突出特点。适合设施促成栽培。

（4）幸香　日本草莓品种，1987年在久留米杂交育成，亲本为丰香×爱美，1996年正式登录命名。植株长势中等，叶片小，且明显小于丰香、章姬、爱美、枥乙女、女峰等大多数品种，植株新茎分枝多。果实中等大小至较大，大果率略低于丰香，圆锥形，光泽好。果面红色至深红色，明显较丰香色深（彩图3），部分果实的果面具棱沟。果肉淡红色，香甜适口，品质优。果实硬，明显硬于丰香，耐储运性优于丰香。单株花序数多，多时可达3～8个，丰产性强。中熟品种，植株较易感白粉病和叶斑病。适合日光温室促成栽培。

（5）丰香　日本草莓品种，1984年公布发表，亲本为绯美×春香，为日本的主栽品种之一。植株生长势强，株形半开张，匍匐茎粗，繁殖能力较强。叶片大且厚，浓绿，叶面平展。花低于叶面。果实圆锥形，一级序果平均单果重25克，果面鲜红，有光泽。果肉浅红或黄白色，果心较充实，酸甜适中，香味浓、品质好。该品种休眠浅，5℃以下低温经40～50小时即可打破休眠，适于保护地促成栽培。早熟丰产，抗病性、抗逆性强，但对草莓白粉病抗性弱，生产上应注意防治。适合设施促成栽培。

（6）宝交早生　日本品种，由八云和达娜杂交育成，是日本主栽品种之一。植株长势较强，较开张，抽生匍匐茎能力强。花序平或稍低于叶面。果实中等大小（彩图4），第一级序果平均单果重20克，最大单果重36克。果实圆锥形，果面鲜红色有光泽。种子红色或黄绿色，凹入或平嵌在果面。果肉橙红色，髓心稍空。早熟品种，味香甜，品质优，丰产性好。一般亩产2 000千克以上。植株抗寒力较强，抗病力较弱，特别易感灰霉病和黄萎病。适合半促成栽培和早熟栽培。

（7）女峰　日本草莓品种，亲本为[达娜×（春香×达娜）]×丽红。植株长势中庸，株冠较大。叶色浓绿。果实圆锥形，畸形果少，光泽鲜红。果肉硬，耐储运，果形较整齐。平均单果重16.4克，最大果重24克。丰产，风味好。适合温室栽培，但温室栽培时会出现无雄蕊的雌性花，影响早期产量，因此要进行人工辅助授粉。植株抗白粉病能力较强，注意防治螨类虫害。

（8）鬼怒甘　日本草莓品种，日本栃木县宇都宫市农民渡边宗平等从女峰品种变异株中选育而成的早熟品种，1992年品种登记，1996年引入我国。长势旺健，株态直立。叶片长椭圆形。花蕾量中等，花柄粗长。果实圆锥形，橙红色，种子凹陷于果面。果肉淡红，口感香甜有芳香味，可溶性固形物9%～10%，硬度中等。一级序果平均重35克左右，最大70多克，亩产2 000千克左右。繁殖力强，耐高温，抗病能力中等，休眠浅，适宜温室栽植。亩定植8 000～9 000株，应增施农家肥满足其喜肥需求。

13. 设施草莓生产中熟品种有哪些?

（1）图得拉　西班牙早熟草莓品种。植株生长健壮，半开张。叶片大，浅绿色。果面鲜亮红色，果肉硬，表皮抗机械压力能力强（彩图5）。果形呈长圆形，一级序平均单果重33克，最大果重超过50～75克。果实品质中上，耐储运性较强。设施栽培时具有连续结果能力，丰产性强，亩产可达3 500千克以上。适合日光温室半促成栽培。

（2）甜查理　美国早熟草莓品种。该品种植株生长势强，株形半开张，叶色深绿。叶片近圆形，大而厚，光泽度强，叶缘锯齿较大钝圆，叶柄粗壮有茸毛。浆果圆锥形，大小整齐，畸形果少，表面深红色有光泽，种子黄色，果肉粉红色，香味浓，甜味大（彩图6）。第一级序果平均单果重41克，平均果重28克，最大果重105克。单株结果平均达500克，每亩产量可达4 000千克。该品种休眠期较短，抗病害性强，适应性广，适合日光温室半促成栽培。

（3）全明星　美国草莓品种。植株生长健壮，叶片颜色深。果实为大果型（彩图7），平均单果重21克，最大果重达50克。中熟，品质偏酸，有香味。果硬，耐储运性强。丰产，一般设施栽培亩产可达2 000～2 500千克。适于半促成栽培和早熟栽培。

（4）新明星　从全明星植株中选育的优良品种。该品种植株长势强，植株高大直立。叶片较大，椭圆形。果实呈圆锥形，平均单果重25克。果肉橙红色，髓部时有中空，多汁，甜酸适口。果实坚韧，硬度大，耐储性好。植株丰产性好，适合日光温室半促成栽培。

14. 什么是草莓产业规模化？

所谓草莓产业规模化，就是指草莓产业经过一定阶段的发展，达到具有一定程度的栽培面积和生产规模。虽然，我国草莓产业历经几十年的发展，已经具备较高的技术水平和生产规模，但仍以单个农户的个体经营管理为主，规模化生产还存在很大发展空间。随着我国农业人口老龄化程度越来越严重，草莓产业将逐步走向规模化、机械化、集约化和省力化的生产管理模式，这也是我国未来草莓产业发展的方向。

15. 什么是草莓集约化栽培模式？

集约化原是经济领域一个术语，本意是指在充分利用一切资源的基础上，更集中合理地运用现代管理与技术，充分发挥人力资源的积极效应，以提高工作效益和效率的一种形式。在我国草莓产业发展过程中，早期以劳动力集约化的栽培模式为主，强调人力资源在草莓产业发展中的绝对重要性。目前提倡资金、技术集约化的栽培模式，注重资金的投入和较高水平栽培技术的应用，是我国草莓产业现阶段及未来努力发展的方向。

16. 草莓塑料大棚建造价格

塑料大棚根据结构的不同，一般有：带混凝土水泥立柱大棚，造价 50 元／米² 左右；全钢架（热镀锌钢架，使用 20 年以上）无立柱大棚，造价 150 元／米² 左右。目前来说，全钢架无立柱大棚最受欢迎，它结构简单，保温性相对较好，造价 10 万元 / 亩左右。

17. 草莓日光温室建造价格

在北方地区冬季进行设施草莓生产，最常见的是冬暖式塑料日光温室。这种日光温室主要结构为三面砖墙，一面保温覆盖塑料。日光温室前后跨度 8～10 米，竹木结构日光温室造价大概 900 元 / 米^2，即 100 米长的日光温室造价为 900 元 / 米 × 100 米＝ 9 万元左右；全钢架日光温室在 15 万～20 万元左右。

18. 草莓苗木成本大概有多少？

草莓设施栽培要生产出优质果实，必须要有优质、健壮的草莓子苗做保障。草莓苗在生产成本中占据很大的部分，据统计，2016 年 9 月，辽宁省丹东市草莓苗木销售高峰期，匍匐茎子苗的销售价格最高达 0.45 元 / 株，苗木销售末期的价格约为 0.3 元 / 株。1 亩日光温室需要栽培草莓苗 10 000 株，合计投入金额 3 000～4 500 元。

19. 个体经营设施草莓生产的利润有多少？

以辽宁省东港市椅圈镇为例，该地区的设施草莓生产以农户个体经营管理为主，每年 12 月中下旬开始进行草莓果实采收，生产周期可持续到第二年的 6 月初，产量为 3 500～4 000 千克 / 亩。每年春节前后，草莓鲜果销售价格约为 30 元 / 千克，6 月的销售价格约为 4 元 / 千克左右，折合利润可达 6 万～8 万元 / 亩。

20. 集约化设施草莓生产的利润有多少？

东港市椅圈镇吴家村玖玖草莓农场，是东北地区最大的专业草莓种植园。农场始建于 2013 年 3 月，前期已投资 3 000 余万元，平均每年投入 500 余万元。目前，该农场占地面积 1 020 亩，拥有现代化的日光温室 99 栋，200 余亩的自助育苗基地，主要自主繁育日本草莓品种红颜、章姬等草莓秧苗。2016 年，该农场草莓鲜果总产量达 160～170 吨，销售旺季草莓价格达 120 元 / 千克，销售末期（翌年 6 月）销售价格也可达 30 元 / 千克左右，仅销售鲜果就可获利 600 余万元，利润非常可观。

21. 集约化设施草莓社会效益分析

玖玖草莓农场是辽宁省民族事务委员会重点扶持的少数民族农业项目，该农场得到各级政府的大力扶持，草莓生产经营销售形势良好，既打响了企业的草莓品牌，也带动了周边经济的快速发展，为当地解决了部分劳动力就业问题，带动当地农民从事草莓生产的积极性，对当地草莓产业进一步发展起到积极推动作用。目前，玖玖草莓农场的草莓鲜果已销往北京、长春、沈阳、大连、深圳及香港等地，经销商遍布全国 20 余省区，为消费者提供了大量优质放心的草莓，深受客户好评。

22. 草莓的机械采收发展情况如何？

中国农业大学根据我国日光温室垄作草莓的栽培特点，研制开发了草莓采摘机器人。垄作采摘机器人具有适于垄作采摘的作业机构，解决了机器人在垄沟短、空间小的情况下不易转弯的问题，能够做到移动便捷、平稳采摘。高架草莓采摘机器人，可根据高架栽培模式，自由调节采摘高度。适应我国垄作草莓栽培和高架草莓栽培的采摘机械臂，结构简单、轻便灵活，与传统多关节机械臂相比，更适于农艺要求和实现快速采摘，且造价低廉。小巧、灵活夹切一体化的采摘末端执行器，在机器视觉系统获取目标草莓、计算出草莓的果梗采摘点位置后，引导采摘机械手直接抓取果梗将果梗切断，并将果实放入果盒，实现了果实的无损采摘。但目前仍处于试验阶段，还未投入生产。

23. 物联网下的草莓种植有何特点？

草莓物联网就是采用物联网传感智能控制技术，对现有草莓大棚生产进行升级改造，同时对草莓生产、运输、交易、消费等重要环节进行跟踪监控。

利用高科技农业物联网技术，通过对大棚内环境参数进行实时的监测、报警，并远程控制大棚内相应的设备，实现远程终端直接干预大棚环境（图1）。即在大棚内放置一定数量的温度、湿度、二氧化碳浓度等传感器，传感器上的数据实时传送到远程控制系统内，与系统内预设的数据进行对比，根据对比情况运行对应的调整程序，直到参数达标为止。如终端显示大棚内湿度太低，则控制系统会自动向大棚内喷滴灌管道上的电磁阀发送信息，电磁阀开启，喷滴灌系统开始给水，当大棚内湿度达到预设值后，通过控制系统命令电磁阀自动关闭。因此，物联网远程控制技术可轻松完成需要大量人工才能完成的工作，能精确控制草莓生长最适宜的环境因素，为草莓提供最佳的生长环境。

图1 物联网技术在草莓生产上的应用

利用物联网技术，通过扫描二维码标签溯源，使消费者能够全方位了解其所食用草莓在生产、运输、交易、消费等阶段的档案信息，确保草莓安全无公害。即通过物联网控制系统，对草莓从育苗开始到消费者购买之间的重要环节进行跟踪监控，并将数据上传到互联网上，消费者只需使用手机等终端对草莓二维码扫描，即可了解包括草莓的采摘时间、运输途径、包装方式，以及成长过程中所用到的农药、肥料等综合信息。

二、草莓的生物学特性

1. 草莓植株由哪些器官组成?

草莓为蔷薇科草莓属的多年生草本植物,植株的大小因种群类型、栽培品种、栽培条件不同而有一定的差异,植株高度多在 20 ～ 30 厘米,植株冠径 30 ～ 40 厘米,呈丛状匍匐生长。草莓植株通常由根、短缩茎、叶片、花(图2)、果实等部分组成。叶片着生在短缩茎上,顶端产生花序,叶腋间抽生匍匐茎,短缩茎下部着生草莓的根系。

图2 草莓花

2. 草莓根系结构、分布及生长发育有什么特性?

草莓的根系由着生在新茎和根状茎上的不定根组成,属于典型的须根系。

初生根具有向前生长的生理功能，幼苗期发生新生根较多，通常以白色为主，随着根系逐渐衰老，颜色逐渐变为浅褐色到暗褐色，再次发生功能细根的概率下降。初生根上产生侧根，侧根上密生无数条根毛。一般每株草莓具 20～35 条初生根，多者可达 100 条以上。

草莓根系加粗生长较少，达到一定粗度就不再继续加粗。一般发育 3 年后开始逐渐衰老死亡，需要及时挖掉老苗重新定植幼苗。设施草莓生产中通常采取每年进行一次苗木更新的方式。

草莓的根系分布较浅，大多分布在距地表 20 厘米以内的土层中。草莓根系分布深度和生长发育与土壤疏松程度、土壤含水量、土壤肥力条件、品种特性、栽植密度等因素有关。在土壤肥力水平高、土壤疏松、含水量适中的沙质壤土中，草莓根系分布较深，而在土壤肥力差、土壤排水不好的黏重土壤条件下，草莓根系分布则较浅。在田间合理密植条件下，生长旺盛的草莓品种根系分布较深。此外，连续多年生长的草莓植株，根状茎不断升高，不定根出现跳根上移，也会出现根系分布变浅现象。生产中，果实采收完毕后进行苗木更新，可以维持根系的合理分布和植株的健壮生长。

3. 草莓茎都有哪些类型？有什么特点？

草莓植株的茎包括新茎、根状茎和匍匐茎 3 种，草莓的茎具有疏导、支持、储藏、繁殖等系列生理功能。

草莓新茎为当年生的短缩茎。根系开始生长 5～7 天，在根状茎上可萌芽抽生出新茎。新茎长出 3～4 片叶后，在第四片叶的腋间可抽生出花序。新茎是草莓植株发叶、生根、长茎、形成花序的主要器官，新茎加粗生长较旺盛，但加长生长却很少，每年生长仅为 0.5～2 厘米。在秋季气温变低日照变短的条件下，新茎顶端生长点形成混合芽，翌年抽生新茎并开花结果。有些腋芽萌发后抽生匍匐茎，有些则不萌发成为隐芽，当地上部受到损伤时，隐芽萌发抽生新茎。草莓新茎节间密集而短缩，上部密集轮生着有长柄的叶片，叶腋部位着生腋芽，下部形成不定根。腋芽具有早熟性，即当年可以萌发，有的萌发成为带叶片的新茎侧枝。新茎侧枝大量发生在进入旺盛生长阶段，通常为 8～9 月，少量发生在开花结果时期。新茎侧枝发生的数量不等，不同品种差异也很大，在同一品种内，一般随年龄增长而逐渐增多。新茎侧枝可作为营养繁殖器官用于扩大繁殖，在进入旺盛生长阶段，叶腋间可大量抽生匍匐茎或形成多个分枝。新茎粗度是设施草莓苗木评价标准的重要指标之一。子株新茎粗，定植后生长健壮，开花株率高，开花数量多。新茎直径为0.8厘米以上时，一般可全部开花。促进草莓新茎粗壮的主要措施包括沃土养根、培育壮苗、壮叶保叶、适宜环境调控等。

根状茎是草莓多年生的短缩茎，由新茎转变而来。草莓的新茎在第二年，可形成外形很像根的根状茎，它是一种具有节和年轮的地下茎，是储藏营养物质的器官。第三年，首先从下部老的根状茎开始逐渐向上死亡，由髓部逐渐向外衰亡，着生其上的根系也随之死亡。新茎内层中维管束状结构发达，生长力强，但根状茎比新茎木质化程度高。根状茎越老，它的运输、储藏和吸收营养的功能就越差。因此，生产上大都实行两年一栽制或一年一栽制，保证草莓的品质和产量。在强调高效栽培的设施草莓生产中，采用一年一栽制的栽培方式是确保丰产、优质的重要依据。

匍匐茎是由草莓新茎上的叶腋间当年萌发抽生的一种特殊的地上茎。匍匐茎形态上表现为茎细、节间长，可在贴地面处生成不定根，是草莓主要的营养繁殖器官。匍匐茎的节间很长，每节间的叶鞘内都有腋芽，但奇数节上的腋芽一般保持休眠状态而不萌发，在偶数节上可以萌发出正常的茎和叶，并向地下产生不定根，形成匍匐茎苗进行繁殖（图3）。匍匐茎基部与土壤紧密接触时，

图3　匍匐茎繁苗状

发生的不定根扎入土壤中，经 2 ～ 3 周匍匐茎与母株切离分开，就形成一株独立的秧苗。如匍匐茎苗远离地面，不能与土壤接触，根不能扎入土壤，就无法形成一株匍匐茎苗。要想使母株多发生匍匐茎，必须使母株获得足够的低温，植株在田间能够满足一定的长日照和高温条件，才能促进匍匐茎的大量发生。

4. 草莓叶有哪些特点?

草莓的叶属于基生三出羽状复叶，叶柄先端通常着生 3 片小叶，叶柄基部有 2 片托叶。小叶呈圆形、椭圆形、长椭圆形等，边缘通常有 12 ～ 28 个齿。叶发生于新茎和根状茎上，呈螺旋状排列，节间一般为 2 毫米左右。叶的发生开始得很早，当芽形成时，在茎尖生长锥周围的一定部位上形成叶原基，进而发育成叶。叶色浓绿，叶片厚，有光泽，叶柄粗则是草莓植株健壮的表现。温度高则易造成叶柄细长，叶色淡，叶片薄等徒长现象。叶片是植株进行光合作用的主要场所，设施栽培条件下，保留更多的健康功能叶片，对提高产量有显著效果。叶片除具光合作用外，还具有蒸腾作用和呼吸作用。叶边缘的锯齿能把水聚成水滴排出去，这就是吐水现象(又叫溢泌现象)。吐水现象只在早晨才能看到，这是夜晚大量吸水的结果。设施内也可见吐水现象，当设施内湿度大时，叶片吐水现象发生多。植株叶片有大量吐水现象，说明根系活跃旺盛，利于草莓植株的生长发育。由于外界环境条件和植株本身营养状况的变化，不同时期长出的叶的寿命长短也不一样，在 30 ～ 130 天。

5. 草莓芽都有哪些类型? 有什么特点?

草莓芽包括顶芽、腋芽和隐芽。

顶芽着生在新茎顶端，向上长出叶片和延伸新茎。当日平均气温降到 20℃左右，每天日照时间在 12 小时，草莓开始由营养生长转向生殖生长，花芽开始分化，这个过程一直要持续到日平均气温低于 5℃时为止。腋芽着生在新茎叶腋里，具有早熟性。

春季草莓越冬后存活的叶片开始进行光合作用，顶生混合花芽开始萌发，抽生新茎。新茎上密生具有长柄的叶片，叶腋着生腋芽，腋芽具有早熟性，一部分萌发成匍匐茎，一部分萌发成新茎分枝。新茎上不萌发的腋芽成为根状茎的隐芽，当草莓地上部受损时，隐芽就能发出新茎，并在新茎基部形成新的根系迅速恢复生长。

6. 草莓花的生长发育有什么特性？

草莓的花是虫媒花，大多数品种为两性花，自花授粉能结实。在配置两个以上品种时互相授粉，产量则可显著提高。

草莓花序为聚伞花序或多歧聚伞花序。一个花序上可着生 7～15 朵花，大多数品种为完全花，自花结实。一般是第一级序的一朵中心花先开，以后由这朵中心花的两个苞片间形成的两朵第二级序的花开放，再由第二级序花的苞片间形成 4 朵第三级序的花开放，以此类推。草莓花序上高级次的花（3级以上）有开花不结果的现象，称为"无效花"。无效花消耗养分，生产上如能在开花前将后期才开的花蕾适当疏去，使养分集中，则有利于增进草莓果实的品质。

7. 应采用哪些措施促进草莓花芽分化？

（1）遮光或短日照处理　利用草莓花芽分化需要低温、短日照条件的特点，在草莓花芽分化以前，给予适当的遮光和短日照处理，可使草莓花芽分化期提前。遮光处理是在夏秋季用遮阳网把草莓苗遮盖起来，减少光照强度，降低植株所处环境的温度，从而起到促进花芽分化的作用。

（2）断根和摘老叶处理　断根一般在育苗圃中进行，在定植前20天左右开始，每隔1周断根1次，共处理1～2次，草莓植株定植前1周结束断根处理。利用断根可切断草莓的部分根系，控制根系对氮素的吸收，促进花芽分化，并使花芽分化整齐一致，可促使草莓苗健壮整齐。摘除老叶片指摘除植株下部水平生长的衰老和黄花叶片，可有效减少养分消耗，也能诱导花芽分化，提高果实产量（图4）。

（3）低温处理　一般是在匍匐茎子苗营养钵假植育苗期间进行处理，可满足草莓花芽分化所需的温度条件，促进花芽提早分化。可将草莓匍匐茎子苗放在冷库中处理约半个月，满足花芽分化对较低温度（5℃以上）的要求。试验证明在8月16～31日对丰香草莓匍匐茎子苗进行低温处理，果实开始收获期可提前到11月1日。

图4 摘除老叶片

（4）高山育苗　通常海拔越高，气温越低。每年夏秋季节，利用高海拔山地昼夜温差大，尤其是夜温低的条件，可促进草莓苗提前进行花芽分化，利于草莓果实提早上市。

（5）营养钵育苗　把草莓匍匐茎子苗移到营养钵中，可起到断根、控制氮素营养、增加细胞内溶液浓度和促进花芽分化的作用。采用营养钵假植育苗（图5～图8），植株的根系发达，根颈粗，花芽分化早，定植成活率高。

图5 营养钵假植处理

图6　营养钵假植苗

图7　营养钵假植初期

图 8　营养钵假植后期

8. 草莓花芽分化期及果实发育特点?

花芽分化期分为 3 个时期,即花芽分化初期、花序分化期和花器分化期。分化初期仅需 5 ~ 6 天,生长点变圆、肥厚、隆起,花原始体形成。花序分化期约需 11 天,是顶生花序侧花芽不断分生、发育全第二花序原始体形成的过程。花器分化期约 16 天,是顶生花序萼片、花冠、雄雌蕊形成至第三花序原始体形成的过程。

草莓的果实为聚合果,可食用部分柔软多汁的浆果是由花托膨大形成的,其真正的果实是受精后子房膨大形成的瘦果,附着于浆果的表面,习惯上称其为"种子"。果实的形状、颜色因品种和栽培条件而异。形状有圆形、圆锥形、扁圆形、楔形等,果面及果肉颜色有红色、粉色、橙红色,也有白色微带红色。果心有空、实之别,大小因品种而异。开花后至 15 天果实发育缓慢,花后 15 ~ 25 天迅速肥大。由于花序上花的开放先后不同,因而同一花序上的果实成熟期和大小也不相同。果实一般 3 ~ 60 克不等,从第一级序到第五级序依次减小。高级次的花结的果逐渐变小,小到无采收价值,一般第四级序以上的果为"无效果",没有商品价值。浆果上分布有种子,种子对浆果的膨大发育起着重要作用。果实的大小和种子数量与温度关系密切,授粉充分,种子数量多果个大,反之果个则小,畸形果多。

9. 草莓为何会出现畸形果？

狭义的畸形果又叫乱形果，是指因授粉受精不良，只有部分瘦果发育，导致花托肥大不均匀，而形成与该草莓品种典型果形状相异的果实。广义的畸形果除了通常所说的乱形果外，还包括因花芽分化前营养失调分化而成的花正常授粉受精发育而来的果柄粗扁、鲜果扁平、形似鸡冠的果实。

南方地区草莓促成栽培以12月至第二年3月收获为主攻目标，为了提高产量往往在育苗阶段过多地使用含氮肥料，使种苗营养生长过旺，花芽分化延迟，同时花芽分化出现异常发育形成异常花朵，形成乱形果、鸡冠果等畸形果。此外，在栽培过程中由于温度、水分管理失当，引起花粉发育不良，形成不受精果、变形果等，这些幼果进入成熟期后，由于浆果各部位发育、成熟不均衡而形成了畸形果。冬季草莓设施内为了保温而减少通风，不放蜜蜂协助传粉或蜜蜂不活跃，都会造成授粉不良而影响受精，也会使畸形果增多。产区调查丰香草莓畸形果比例一般在10%左右。如若栽培管理不当，比例会更高，甚至达到15%～20%，严重影响鲜果品质，降低种植的收益。

10. 如何防止草莓畸形果发生？

育苗阶段要根据草莓生长发育对肥水的需求规律，依照适氮、重磷钾的原则合理施用肥料。特别是在8月上中旬，要及时中断氮肥的使用，并结合中耕进行适当断根或进行假植，以降低植株体内氮素水平促进花芽分化。9月中下旬，草莓植株花芽分化后再行定植。设施保温以后，要严格控制棚内温湿度，现蕾到开花期设施内的温度控制在25℃，开花结果到收获期控制在23～25℃，最低夜间温度控制在5～6℃。现蕾期设施内相对湿度可适当高些，开花后至成熟期相对湿度控制在60%～80%。有条件地区设施内放蜜蜂帮助传粉，可显著减少畸形果的发生。试验表明，同样栽培条件下，不放蜂大棚内畸形果比例10%～12%，而放蜂大棚畸形果只有2%～3%。

11. 果实膨大期对设施内环境条件有何要求？

草莓果实膨大期设施内白天温度宜保持在20～25℃，夜间控制在5～10℃。此期温度过高，果实膨大受影响，造成果实着色快，成熟早，但果实小，品质差。

12. 草莓生长对温度有什么要求？

温度是草莓生存的必要生态因子，草莓植株对温度的适应性较强，喜温暖，但怕炎热天气条件。栽培品种多不耐严寒，生长发育期需要较凉爽的气候，且草莓不同器官在不同生长发育阶段对温度的要求也不尽相同。

（1）根系对温度的要求　在土壤温度达到2℃时，草莓植株的根系开始活动，10℃形成新根，根系最适生长温度为15～20℃，冬季当土壤温度降到-8℃时根部易受到伤害。在北方地区进行设施栽培时，低温是重要的限制问题，尤其是设施内空气温度高，土壤温度低时，会使草莓根系过早变黑，而失去部分生理功能。原因是植株地上部所处环境温度较高，叶片的蒸腾和呼吸作用都较旺盛，而土壤温度较低，根系的生长、吸肥、吸水及运输能力相对较差，肥水的供应不足影响了地上部生长，地上部光合产物积累不足又反过来影响根系的发育，使根的活动能力更差。所以，在北方地区，设施内利用高垄或高畦、地膜覆盖、采用滴灌等方法都是提高土壤温度的有效措施。

（2）地上部营养生长对温度的要求　设施内10厘米土温稳定在1～2℃时草莓根系开始活动，气温在5℃时植株萌芽生长，此时抗寒能力低，遇到-7℃的低温时就会受冻害，-10℃时则大多数植株死亡。因此，一定要加强设施内的早期保温措施。草莓植株生长发育最适宜温度为20～26℃。草莓花芽分化必须在低于17℃的低温条件下才能进行，而空气温度降到5℃以下则花芽分化又会停止。叶片进行光合作用的适宜温度为20～25℃，空气温度30℃以上叶片光合作用下降。在生长季节，若温度高于38℃，草莓生长受到抑制，不发新叶，老叶出现灼伤或焦边。因此，在夏季，特别是南方地区，应采取遮阴、灌水等措施，使草莓安全越夏。在气温较高时，假植或定植也需遮阴，利于草莓植株缓苗。植株抽生匍匐茎需在较高温度和一定程度的长日照条件下进行，温度低于10℃以下，日照时间再长，也不发生匍匐茎；同样在相反条件下，当日照8小时以下时，温度再高照样不发生匍匐茎。当日照12小时以上时，随着日照时间增加，匍匐茎发生数量增多。

（3）开花坐果与温度的关系　草莓花在平均气温达10℃以上时即能开

放。温室或大棚栽培，早晨花瓣即张开，数小时后花药开裂。授粉受精的临界温度为11.7℃，适宜温度为13.8~20.6℃，花粉发芽以25~27℃为最好，20℃或35℃时也能有50％的花粉发芽。花期温度较低，花瓣不能翻转，花药开裂迟缓。低于10℃或高于40℃气温，影响授粉、受精，导致畸形果发生。北方地区温室栽培，花期一定要注意保温。南方温暖地区，塑料大棚内的温度不能超过40℃。设施内草莓畸形果比例高，与开花期经历低温有很大关系。

（4）果实生长与温度的关系　草莓果实的生长发育与成熟除受品种与栽培方式影响外，也与温度有一定关系。一般情况下，温度低会延长果实生长发育期，成熟相对较晚，但利于果个增大及干物质的积累；温度高果实成熟快，但果个相对较小，果实品质相对变差。生产上，在促成和半促成栽培条件下，在温度管理上倾向于偏高温处理。果实成熟期，白天适宜温度24℃，夜间适宜温度15℃，温度过高果实成熟早，但果个小，反之果实增大，但成熟期推迟。

（5）花芽分化与温度的关系　一季型草莓花芽分化需在低温、短日照条件下进行。花芽分化时，对低温、短日照的需求又是相对的，30℃以上高温不能形成花芽；9℃低温经10天以上即可形成花芽，这时与昼长无关；温度17~24℃时，只有在8~12小时昼长的条件下，才能形成花芽。高纬度地区，花芽分化的温度17~24℃很早就能满足，可是因为白昼时间过长花芽迟迟不分化，这时长日照是花芽分化的限制因素。在低纬度地区，进入秋季后，尽管昼长已满足了花芽分化需要，但由于温度高花芽也不进入分化阶段，此时高温又成了限制因素，这也是我国南方地区难以获得优质草莓苗的根本原因，生产上常采用高寒地区假植、低温冷藏、遮光处理等措施促进草莓植株花芽提早分化。

（6）休眠与温度的关系　草莓植株在秋季低温短日照条件下（温度5℃以下，光照时间<12小时）进入休眠。植株进入休眠时间因栽培地区、品种不同而存在差异，一般以草莓植株出现叶色深绿、叶柄矮化的"莲座"现象作为标志，大约在10月中下旬。当植株满足了一定的低温需求后，在条件适宜的情况下，解除休眠后开始正常的生长发育，低温是诱导和通过休眠的主要环境因素。

13. 草莓生长对土壤有什么要求?

草莓植株几乎可以在各种土壤中生长,疏松、肥沃、透水、透气性良好的土壤条件利于植株发育良好而获得丰产。草莓的根系分布浅、叶片蒸腾大,要达到优质、丰产的生产要求,栽植的表层土壤应具备良好的理化条件。此外,草莓适于在 pH 5.5 ~ 6.5 的土壤中生长,盐碱地、石灰土、黏土的土壤条件都不适宜栽植草莓。因此,疏松、肥沃、透水、通气良好及微酸性的土壤环境条件,是获得草莓设施栽培高产的关键因素。草莓适于在地下水位不高于 100 厘米的土壤中生长,如果在黏土地上栽种草莓,就需要掺沙或增施有机肥,小水勤灌,以使草莓果实着色好,含糖量高,成熟期提前。在缺硼的沙土中栽培草莓,易出现果实畸形,浆果髓部会出现褐色斑渍,需通过施硼砂来防治缺硼症。

14. 草莓生长对光照有什么要求?

草莓是喜光的植物,但又比较耐阴。在充足的光照条件下,草莓植株叶片将水和二氧化碳转化为有机物,进而再转化合成淀粉、纤维素、脂肪、有机酸、氨基酸等作为草莓植株生长发育的物质。但是过于密植或遮光的条件下,草莓植株往往叶柄细长、花小、叶色浅,果实小、果色浅、成熟慢且果实品质较差。秋季光照不足还会影响植株的花芽形成,并使根状茎储存的养分相对减少,越冬时植株的抗寒能力下降。但若光照条件过强,也能抑制草莓根状茎的生长。

植物光饱和点是指即使增加光照强度,植株的光合速率也不再提高时的光照强度。据测定,草莓叶片的光饱和点为 2 万 ~ 3 万勒克斯,比一般作物相对低些。草莓设施生产阶段正逢低温、寡日照的冬季,受覆盖材料透光率、棚膜静电吸尘及立柱遮阴等条件限制,往往出现光照强度不足现象,会影响草莓植株的生长发育和浆果品质形成。长日照和较强光照可促进果实成熟,低温配合强光照管理能提高果实品质,使草莓果实香味浓郁。加强设施内光照条件的调控管理,对成功栽培优质设施草莓非常重要。在选择透明覆盖材料时应格外注意。当温度在 20 ~ 25℃时,光合速率最大。

草莓叶片光补偿点为 0.5 万 ~ 1 万勒克斯。在不同二氧化碳浓度下,光饱和点及补偿点也会相应变化。光合作用最活跃的叶位为第三至第五叶,最有效的叶龄为展叶后 30 ~ 50 天。光照充足,植株生长旺盛,叶片颜色深,花芽发育好，能获得较高的产量。相反，光照不良，植株长势弱，叶柄及花序柄细，叶片色淡，花朵小，有的甚至不能开放，同时影响果实着色，品质差，成熟期延迟。草莓植株的不同生长发育阶段，对光照的要求不同。在花芽形成期，要求每天 10 ～ 12 小时的短日照和较低温度，如果人工给予每天 16 小时的长日照处理，则花芽形成不好，甚至不能开花结果。但植株完成花芽分化后，给以长日照处理，能促进植株发育和开花。在开花结果期和旺盛生长期，草莓需每天 12 ～ 15 小时的较长日照时间。低温短日照条件是草莓休眠的外在因素，在这种条件下不能形成匍匐茎。

15. 草莓生长对水分有什么要求?

草莓根系分布浅，加之植株小而叶片大，水分的蒸发面积大。在整个植株生长期，叶片几乎都在进行着老叶死亡、新叶发生的频繁更替过程，这些特性都决定草莓对水分的高要求。草莓在不同生育期对水分的要求也不一样。草莓苗期缺水，阻碍植株叶和匍匐茎的正常生长。草莓繁殖圃地缺水，匍匐茎发出后扎根困难，明显降低出苗数量。花芽分化期适当减少水分，保持田间持水量60％～65％，以促进花芽的形成。开花期应满足水分的供应，以不低于土壤田间持水量的70％为宜，此时缺水影响花朵的开放和授粉受精过程，严重干旱时，花朵枯萎。果实膨大期需水量也比较大，应保持田间持水量的80％，此时土壤缺水则果个变小，品质变差。浆果成熟期应适当控水，保持田间持水量的70％为宜，促进果实着色，提高品质，如果水分太多，容易造成烂果。草莓植株不耐涝，长时期积水会影响植株的正常生长，降低抗寒性，严重时会使植株窒息死亡。入冬前灌足封冻水，有利于草莓苗安全越冬。总之，水分管理是草莓田间管理中一个重要的环节，无论哪个时期过度缺水，都会给草莓的生长发育带来不良影响。

16. 草莓的物候期都有哪些?

草莓植株一年中的生长发育过程可分为以下几个时期。

（1）萌芽和开始生长期　设施内土壤温度达到2～5℃时，草莓根系开始延长生长并吸收养分和水分，地上部开始萌芽，然后陆续抽生新叶，越冬性叶片逐渐枯死。

（2）开花和结果期　由于草莓同一花序不同级次花开放早晚有差别，其开花期和结果期交混持续。在开花期，根系的延长生长停止，则在根茎基部萌发出不定根。果实迅速生长期，根系生长变缓慢，部分枯死，并开始发生少量匍匐茎。

（3）旺盛生长期　草莓果实采收后，植株进入旺盛生长期。此时正值夏季的高温长日照条件，草莓植株叶腋间大量发生匍匐茎，新茎分枝加速生长，新茎基部发生不定根，形成新的根系。

（4）花芽分化期　在旺盛生长之后，随着气温降低和短日照到来，植株开始进入花芽分化阶段，标志着植株从营养生长转向生殖生长，叶片制造的营养向根和茎中转移。此期在管理上应适当控制水分，提高营养积累。

（5）休眠期　随着秋冬季节外界温度降低，日照时数不断减少，草莓植株逐渐进入休眠期。此时期，草莓植株表现为生长速度变缓，叶片颜色变为深绿色，并呈莲座状贴地生长。植株休眠的程度因地区和品种而异。

三、草莓苗繁育技术

1. 优质草莓苗有哪些繁育技术？如何繁育？

　　草莓苗繁育主要有匍匐茎繁殖、新茎分株繁殖、组织培养育苗和种子繁殖4种方式。前3种属于无性繁殖，可以避免有性繁殖中出现的性状分离。

　　（1）匍匐茎繁殖　通过匍匐茎形成子株的繁殖方式是草莓生产上普遍采用的繁殖方式，优点是方法简单，管理方便，繁殖系数高，可保持母本的遗传特性，不留伤口，不易感染土壤病毒，苗木质量好，成本低，产量高。每株草莓苗可以抽生出数条匍匐茎（图9），每个生长季形成几十株子苗，繁育的苗生命力强，质量好。

图9　露地匍匐茎苗繁殖状

（2）新茎分株繁殖　草莓植株生长到秋季可以发出数个新生新茎分枝，当每个新茎分枝具有4～5片叶而且又有较多新根时即可分株移栽。方法是将草莓植株整墩挖出，剪掉衰老的根状茎并将新茎分开，每株新茎苗要剪留良好的根系（下部有4～5条长4厘米以上的新根），然后尽快定植。分株繁殖出的新茎苗多带分离伤口，容易感染土传病害，但相对于匍匐茎繁殖来说成本低，节省劳动力。对于不易发生匍匐茎的草莓品种，种苗不足时可以利用新茎分株繁殖方式。

（3）组织培养育苗　组织培养育苗也称微繁殖、离体繁殖，就是通过组织培养的方式进行繁殖。草莓组织培养育苗（图10）是将草莓微茎尖分生组织接种在适宜的培养基上，诱导出幼芽，在试管中通过腋芽萌发增殖，试管苗经过驯化后，移栽到温室中，移栽成活的试管苗可以作为田间繁育的母株。相对于前两种繁育方式来说，组织培养育苗繁殖速度快，生长旺盛，匍匐茎抽生能力强，全年均可进行，可培养脱毒苗。

图10　草莓组织培养育苗

（4）种子繁殖　从优良单株上选取充分成熟的果实采种，播种前层积1～2个月，提高种子的发芽率。因草莓种子小，一般在苗床播种，土壤要平整细碎，多施腐熟厩肥。幼苗长出1～2片真叶时分苗，每营养钵1株，待长至4～5片复叶时，才可移栽到大田。利用种子繁殖，成苗率低，后代出现性状分离，裂变增多，生产上一般不用，只在杂交育种或采用新品种时应用。

2. 草莓苗繁育对育苗圃有何要求？

苗圃应设在需用草莓苗木的中心区域，以减少苗木运输费用和运输途中的损失。而且对当地环境适应性强，栽植成活率高，生长发育良好。

苗圃要选择土地平整、土壤肥沃疏松、排灌条件好、背风向阳、日照良好的地块，土壤以黑色或棕黄色轻黏壤土为主，尽量不要选择碱性白土。

选择从未栽植过草莓且前茬作物最好是水稻的地块。如果使用重茬地，要进行土壤消毒。排灌条件方便，即使倾盆大雨也可以迅速排干的地块，同时需要水灌溉时也要方便。

不能选择有线虫等土壤病虫污染的地块育苗，在育苗前必须采取措施加以防治。

建园宜早，一般最好在前一年的冬天就将苗圃地块整理好。

3. 主要土壤耕作机械有哪几类？各有何特点？

作为农业机械化的基础环节，耕作机械技术始终走在农业机械发展的前列，并伴随着先进农艺技术的产生而不断创新和发展。目前，驱动型耕整机械得到广泛应用并有新发展，大体上可分为4种：水平横轴式，水平斜轴式，立轴式和往复摆动式。

（1）水平横轴式　旋耕机生产和使用最多的国家是日本，近年来出现的新产品有以下几种。

● 手扶无轮式旋耕机（图11）。特点是小巧、轻便、灵活，适合于草莓苗木繁育圃以及日光温室、塑料大棚内的小型草莓田块作业。

图11　手扶无轮式旋耕机

●混层深耕机（图12）。工作时刀轮深埋土中，耕深可达120厘米（刀轮直径的80%）。适合进行露地草莓清茬及草莓繁育基地的整地使用。

图12　混层深耕机

●自动避让偏置旋耕机。在作业过程中触杆碰到果树，会自动产生偏转。适于露地草莓生产中的垄间旋耕，可减少对草莓植株的伤害。

●牵引自驱式旋耕机。与传统犁相比，牵引自驱式旋耕机生产效率提高两倍，能耗可以降到1/3，在露地草莓生产中逐渐被人们熟知。

（2）水平斜轴式驱动圆盘犁（图13）　适用于旱地草莓耕作，耕幅0.8～2.9米，耕深15～28厘米。

图13　水平斜轴式驱动圆盘犁

（3）立轴式旋耕机（图14）　耕深可达20厘米以上，最大耕深可达28厘米，幅宽2米，能在极大程度上解决耕作的问题。

图14　立轴式旋耕机

（4）往复式耕耘机（图15）　采用曲柄连杆机构带动锹挖土，耕幅1～3.5米，耕深可达30～40厘米，可以极大地满足草莓的耕作条件。

图15　往复式耕耘机

4. 促使草莓弱苗、旺苗转壮苗的措施有哪些？

（1）摘老叶、病叶　随着温室内草莓生长发育周期的延长，植株上的叶片会逐渐发生老化和黄化现象。作为光合作用的场所，黄化、老化的草莓叶片制造光合产物能力逐渐下降，无法满足自身的消耗，而且叶片衰老时也容易发生病害。因此，在新生叶片逐渐展开时，要定期去掉病叶、黄叶和老叶，改善植株间的通风透光情况和降低病害发生，以减少草莓植株养分消耗。

（2）除匍匐茎　草莓的匍匐茎和花序都是从植株叶腋间长出的分枝，若抽生的匍匐茎发育成子苗，会大量消耗母株的养分，影响植株的产量。因此，在植株开花结实过程中要及时摘除匍匐茎。

（3）掰芽　日光温室中的草莓植株生长较旺盛，易分化出较多的腋芽，引起养分分流，减少大果率和产量，所以应将植株上分化的多余腋芽掰掉。在顶花序抽生后，每个植株上选留两个方位好且粗壮的腋芽，其余全部掰除，以便促进新花序抽生，再抽生的腋芽也要及时掰除。

5. 怎样培育壮苗?

（1）选好地块和种苗　有条件的地方，利用组织培养苗作为种苗。同时，宜采取异地繁苗的方式，杜绝病害相互传染。这样所培育的苗病害轻，生长健壮，商品性好，可降低生产成本。苗田应选择保水保肥性好，排灌方便，土壤肥力较高且未种过草莓、茄科类作物的地块。

（2）母株定植　定植前，用75％百菌清600～800倍液喷雾防病一次，并摘除老叶、花序，保留3片复叶，尽量带土坨定植，防止伤根。栽植深度以心叶基部与土表平齐为宜，做到深不埋心，浅不露根，栽后压实。

（3）加强肥水管理　栽后要浇透定根水，连续浇水2～3次，保持湿润，利于成活。进入雨季，注意排水。定植成活后每亩用尿素5千克进行提苗，进入旺盛生长期追施1～2次复合肥，每亩每次用量控制在5～8千克，切忌高氮。

（4）摘除花序、老叶、病叶　草莓苗定植后，经常摘除母株上的花蕾、花序，使养分集中，促进母株的营养生长及抽生匍匐茎。摘除老叶、病叶，利于植株通风、透光。

（5）匍匐茎整理　母株定植后，要经常到田间检查，匍匐茎要保持一定间距。匍匐茎大量发生时，将相互靠近的匍匐茎拉开使其分布均匀，防止交叉或重叠在一起（图16）。同时为了使匍匐茎节上发生的不定根及时扎入土中，用土把匍匐茎上发生的不定根茎节段压稳。

图 16 植株管理

（6）中耕除草 草莓对除草剂较敏感，使用除草剂要谨慎。一般情况下采用人工除草较安全。母株定植后至匍匐茎发生前，由于经常灌水，土壤容易板结，应采取浅除中耕松土，便于发生的小苗扎根。匍匐茎发生期，正是雨水多、杂草丛生季节，要经常拔除杂草。

（7）病虫害防治 草莓繁殖苗常见害虫主要是蛴螬、蚜虫、斜纹夜蛾等，病害主要有蛇眼病（彩图8）、炭疽病（彩图9）等，要注意防治。

（8）取苗 8～9月移栽时取苗，取苗时土壤要保持湿润，以免伤及根系，去掉老叶、病叶即可。同时要注意现取现栽，以利于成活。

6. 如何对草莓苗进行分级?

优质壮苗的标准：具有4片以上展开的叶片，叶色浓绿；无明显病虫危害；新茎粗度在1.2厘米以上，根系发达，20厘米长根系5条以上；整株苗鲜重35克以上；顶花芽分化完成。

四、草莓设施栽培

1. 草莓设施栽培有哪些模式?

目前，我国草莓设施栽培的模式主要有促成栽培、半促成栽培和延迟栽培等。

（1）促成栽培 草莓在秋末低温和短日照条件下完成花芽分化后会进入自然休眠，利用大棚人为给予草莓高温和长日照处理，抑制其休眠，使其继续生长发育，以达到提早开花结果、提早上市的目的，这种栽培形式称为草莓的塑料大棚促成栽培。促成栽培一般在草莓进入休眠期前的10月上中旬扣棚保温，可给予高温、长日照和赤霉素等处理，人为地使其终止休眠，恢复生长。

（2）半促成栽培 草莓植株在秋季完成花芽分化以后，即进入自然休眠，在其品种特有低温要求量基本得以满足，在半苏醒或被迫休眠阶段，也就是指在植株生长至基本通过自然休眠还处于休眠觉醒期时，采取大棚保温并给予促进解除休眠的措施，如高温、电灯照明（图17）、赤霉素处理等，促进植株正常生长和开花结果，从而达到提早成熟的目的。这种栽培方式称为塑料大棚的半促成栽培。半促成栽培与促成栽培的区别在于，促成栽培一般在休眠前或休眠初期开始保温。相对促成栽培来说，半促成栽培所采用的保护设施开始保温的时期比较灵活，品种的选用比较广泛，一般12月中下旬开始保温，采果期为第二年3～5月。

（3）延迟栽培 是使草莓在人工条件下长期处于抑制状态，延长其被迫休眠期，并在适期打破休眠，促进其生长发育的栽培模式。包括普通大棚延迟栽培和露地延迟栽培。

图 17　LED 灯促进植株生长

2. 如何构建日光温室？

日光温室是保温效果好、功能较完备的一种设施类型。温室南屋面用塑料薄膜作为透明保温覆盖材料，北面建成保温墙体，支撑塑料薄膜的骨架用竹木、钢筋等材料制成。温室以东西走向为宜，方位是南偏西 5°～10°，但在矿区、早晨雾多地区，温室方位应东偏北 5°，这样可充分利用太阳光。

1. 鞍 II 型塑料薄膜日光温室

这种温室是在吸收了各地日光温室优点的基础上，经多年探索改进，由鞍山市园艺研究所研制成功的一种无支柱钢筋骨架日光温室。整个温室跨度 6 米，中脊高 2.7～2.8 米，后墙高 1.8 米，在"丁"字形砖结构中加 12 厘米厚的珍珠岩，使整个墙体厚度达 0.48 米。前屋面为钢筋结构一体化的半圆形骨架，上弦为直径 15～20 毫米的钢管，下弦为直径 10～12 毫米圆钢，拉花为直径 8 毫米圆钢。温室的后屋面长 1.8 米左右，仰角 35°，水平投影宽度 1.4 米，从下弦面起向上铺一层木板，向其上填充稻壳、玉米皮、作物秸秆，抹草泥，再铺草，形成泥土与作物秸秆复合后坡，厚度不小于 60 厘米。这种温室前屋面为双弧面构成的半拱形，下、中、上三段与地面的水平夹角分别为 39°、

25°和17.5°，抗雪压等负荷设计能力为300千克/米²（图18）。目前，这种温室在北方很多地区推广。

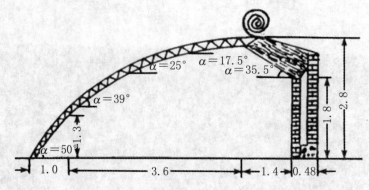

图18　鞍Ⅱ型塑料薄膜日光温室示意图（单位：米）

（2）辽沈Ⅰ型日光温室　由沈阳农业大学等单位承担开发的辽沈Ⅰ型日光温室（图19、图20）采光屋面形状优良，进光量较第一代节能型日光温室增加7%。在北纬42°地区基本不加温可进行果菜越冬生产。优化设计的钢平面桁架能承受30年一遇的风雪荷载，用钢量比同类产品低20%，使用年限可达20年，新材料利用率达30%。研制出的卷帘机、保温被等日光温室配套设施，显著提高了环境调控能力，减轻了劳动强度。研制的日光温室监控系统，可对保温被、内保温幕、二氧化碳施肥、放风等进行初步控制。辽沈Ⅰ型节能日光温室被科技部列为1999年国家级重点推广项目计划，取得了4项国家专利。

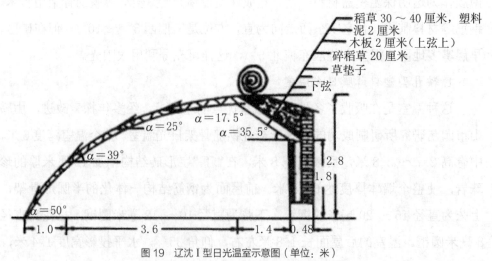

图19　辽沈Ⅰ型日光温室示意图（单位：米）

图20　辽沈Ⅰ型日光温室

3. 如何构建塑料大棚?

常见的塑料大棚通常用竹木、钢材等材料制成拱形骨架,上覆塑料薄膜,是具有一定高度且四周无墙体的封闭体系。一般可占地300平方米以上,棚高2～3米,宽8～15米,长度50～100米,既可以单栋大棚独立存在,也可以两栋以上组成连栋大棚。目前在生产上采用单栋大棚栽培草莓的较多。

(1)竹木结构塑料薄膜大棚　大棚跨度8～10米,长50米以上,中心点高2～2.5米,大棚顶部呈弧形(图21)。拉杆用5～8厘米粗的木杆或竹竿制成,立柱为粗竹竿、木杆或水泥柱,每排4～6根,东西距离2米,南北方向距离2～3米。木质立柱基部表面碳化后埋入土中30～40厘米,下垫大石块做基石,拉杆用铁丝固定在立柱顶端下方20厘米处。小支柱用木棒制成,长约20厘米,顶端做成凹形,用于放置拱杆,下端钻孔固定在立柱上。拱杆用3～4厘米粗的竹竿制成,两侧下端埋入地下30厘米左右。盖上棚膜后,在两拱杆之间用压杆或压膜线压好。压杆安好后,大棚的棚顶呈波浪形。

这种塑料大棚投资相对少,成本较低,且取材十分方便。但缺点是大棚内立柱较多,影响光照,作业起来不太方便,结构不牢固,抗风雪能力差,使用年限短。

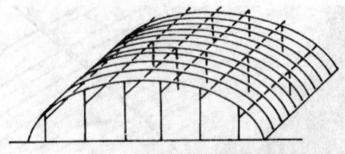

图21　竹木结构塑料薄膜大棚示意图

（2）钢筋骨架无支柱塑料薄膜大棚　大棚跨度8～12米，脊高2.4～2.7米，每隔1～1.2米设一拱形钢筋骨架，骨架上弦采用直径16毫米钢筋，下弦用直径14毫米钢筋，拉花用直径12毫米或直径10毫米钢筋（图22）。骨架两个底脚焊接一块带孔底板，以便与基础上的预埋螺栓相接，也可用拱架底脚的上下弦与基础上的预埋钢筋焊接在一起。各拱架立好后，在下弦上每隔2米用一根纵向拉杆相连。为防止骨架扭曲变形，可在拉杆与骨架相连处，从上弦向下弦的拉杆上焊一根小的斜支柱。

这种大棚结构合理，比较牢固，抗风雪能力强。因大棚内无支柱，作业十分方便，而且采光好。由于骨架结实，人可在其上行走，揭放草帘很方便。但缺点是大棚骨架所需钢材多，造价高。

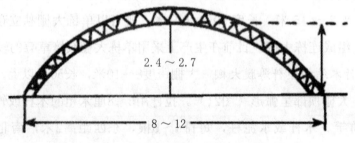

图22　钢筋骨架无支柱塑料薄膜大棚示意图（单位：米）

4. 如何建造小拱棚?

小拱棚高50厘米，宽80～100厘米不等，南北走向。棚骨架主要以竹木为材料，竹骨架长2米，呈弓形，两端插入地下各10～15厘米，骨架间距为1米。棚膜覆盖后由竹片将棚膜固定，底脚用土固定（图23）。

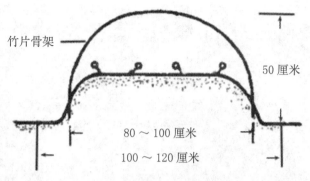

竹片骨架

50 厘米

80 ～ 100 厘米

100 ～ 120 厘米

图 23 草莓小拱棚栽培示意图

5. 什么是草莓温室立体栽培?

立体栽培(图 24 ～图 27)是将作物的生长面提高到温室的空间层面中,通过设计、加工特种的支架结构、栽培槽,并采用栽培基质,使作物的生长环境人为地得到改善,如提高了日光照射量和作物的感温层以及二氧化碳雾化层,同时降低了草莓的病虫害发生,使草莓坐果更卫生,有利于管理和采摘。草莓的立体栽培经济价值和观赏性均较高,已成为设施园艺的一个亮点。

图 24 "A"形立体栽培

图 25　盆栽草莓

图 26　吊盆栽培

图 27 日本槽式栽培

（1）"A"形栽培架立体栽培 "A"形栽培架主体框架为钢结构，左右两侧栽培架各安装3～4排栽培槽，层间距40厘米，距地面0.45米，最高处1.3米，栽培架宽1.2米左右（图28）。栽培槽一般用聚氯乙烯（PVC）材料制作，直径为20厘米。立架南北向放置，各排栽培架间距为70厘米。该形式操作方便，大大减轻了劳动强度，单位面积栽培数量显著提高。

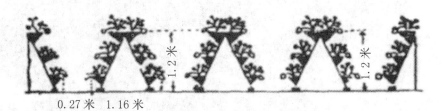

图 28 "A"形栽培架示意图

（2）栃木式高架栽培 栽培槽宽30厘米，内层槽深15厘米，外层槽深25厘米。单条槽种2列，株列距15～20厘米。果实朝外侧生长。种植方式有单槽成行和双槽并列成行两种，行间操作通道宽80～90厘米，栽培架一般距地面高80～110厘米（图29）。

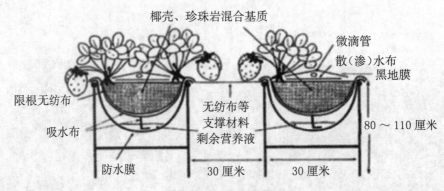

椰壳、珍珠岩混合基质

微滴管
散（渗）水布
黑地膜

限根无纺布

无纺布等
支撑材料
剩余营养液

80～110厘米

吸水布

防水膜

30厘米　　30厘米

图29　枥木式高架栽培示意图

（3）墙体栽培　墙体栽培是利用特定的栽培设备附着在建筑物的墙体表，不仅不会影响墙体的坚固度，而且对墙体还能起到一定的保护作用，有效地利用空间，节约土地，实现了单位面积上更大的产出比。根据后墙高度可设置3～4排栽培槽，后墙采光条件较好，可充分利用太阳光，有利于草莓植株生长和果实品质的提高（图30、图31）。

图30　温室后墙栽培槽示意图

图31 平面及后墙栽培模式

6. 草莓立体栽培有哪些优点?

（1）节约土地　传统模式的草莓栽植密度为0.8万～1万株/亩，改用立体栽培模式后，栽培总量可达2.7万～3万株/亩，相当于传统平地栽培的3倍。节约土地2/3以上，产品产量是原来的3倍。

（2）改善植株生长发育状况　草莓生长对水、肥要求较高，常发生重茬障碍。而采用立体栽培，可按要求任意选配基质，缓解了重茬障碍，有效降低了病虫害的发生，使草莓生长发育处于最佳状态。

（3）方便操作　立体栽培的草莓，便于采摘果实与精准管理，降低了劳动强度。

（4）观赏性强　充分利用了设施空间，适宜观光采摘，吸引更多的观光者，经济、社会、生态效益均较为明显。

7. 草莓栽培有几种整地做畦方式?

草莓生产上主要采用平畦和高畦两种形式，此外还有大垄栽培（图32～图34）。北方主要采用平畦，地下水位高的地方宜采用高畦。

图 32　露地生产

图 33　露地大垄生产

44

图34 塑料大棚大垄栽培

（1）平畦 我国北方冬季寒冷、气候干旱的地区，适宜采用平畦栽培，这样有利于土壤保墒，利于冬季防寒。一般畦宽1米，长可根据情况而定，一般长10～15米，埂宽20～30厘米，埂高10厘米。

（2）高畦 地势低洼，地下水位高或多雨地区，宜采用高畦栽培。一般畦宽1.2～1.5米，高15～20厘米，畦间距25～30厘米。

（3）大垄栽培 大垄栽培便于排水，适合南方多雨的气候条件。在北方地区，如有灌溉条件或保护地栽培也可以利用大垄栽培。垄宽50厘米，高25～30厘米，垄距120厘米。要求土壤要疏松，通气良好，透光条件也好，有利于植株生长和果实着色，提高果实品质。

8. 常用的地膜覆盖机械有哪些？

目前，我国已研制生产出多种型号覆盖地膜的农机具。多功能地膜覆盖机能完成旋耕、起垄、做畦、整形、镇压、盖膜、培土及压埋地膜等连续作业，尤其是小高畦地膜覆盖栽培方式更为广泛。现简介几种地膜覆盖机械供参考。

（1）3DE垄畦两用旋耕地膜覆盖机（图35） 主要用于露地草莓地块的地膜覆盖，用2马力（约1.47千瓦）四轮拖拉机配套使用，能一次性完成做

图35　3DE垄畦两用旋耕地膜覆盖机

畦、整形、铺膜、覆土压埋膜边等多种作业，生产效率为每小时覆膜4.5亩。高畦作业畦宽100厘米，畦高12～15厘米，垄作垄距70厘米。畦高可根据需要进行调节，也可根据需要选用小行、双行作业。

（2）2BF－1型地膜覆盖机（图36）　与CQY型通用牵引车或工农-12型手扶拖拉机配套使用，单行作业，用幅宽90～105厘米地膜，在畦宽60～80厘米与畦高10～20厘米范围内可调节使用。适用于草莓植株栽种前覆盖地膜，一次性完成旋耕土地、起垄做畦、整形、镇压、铺盖地膜及覆土埋压地膜等连续作业，理论工作效率为1 000～1 600米²/时。

图36　2BF－1型地膜覆盖机

（3）2BF－2型地膜覆盖机（图37）　用铁牛－55型拖拉机牵引，双行作业，需幅宽95～105厘米地膜，覆膜部位的小高畦宽度、高度均可调节，而且在4～5级风天作业，盖膜质量仍良好。理论工作效率为4 000～5 000米²/时，可一次性完成整地、做畦、整形、铺膜、覆土压埋膜边等作业，能充分发挥机具效率。地块小，则空跑多效率低。

图37　2BF－2型地膜覆盖机

（4）KDF－1.1型地膜覆盖机　可与518－12型手扶拖拉机、518－22型中型拖拉机配套使用，也可以用畜力牵引，适用幅宽90～110厘米地膜，单行或双行作业，适用于草莓的小高畦覆盖地膜，可一次性完成做畦、整形、镇压、开沟、打药、铺膜、覆土埋压膜边等作业，并可调节畦的高度、宽度。采用毛刷防风装置，在风力4～5级时作业不影响铺膜质量。

（5）3BF－2.4型地膜覆盖机　用东方红-28或铁牛-55型拖拉机牵引，大面积生产可铺膜6 000～8 000米²/时。拱圆形畦面的小高畦，做畦宽60～70厘米，高12～18厘米，还可根据需要调整做畦宽度、高度。双行作业，可一次性完成。

9. 施肥机械类型及特点

肥料类型	主要产品	优点	缺点
固体肥料施肥机械	离心圆盘式撒肥机、桨叶式撒肥机、锤片式撒肥机等	单盘或双盘设计，工作效率高，卸料便捷，使用寿命长	沿横向与纵向分布不均匀
液体肥料施肥机械	液氨施肥机械	肥效高，便于吸收	原料选择范围有限，运输费用较高，一次形态投入包装成本较大，需专门工具施用
变量施肥机械	3S技术变量施肥机、传感器变量施肥机等	可采用转动式、流量倍速管组合方式达到变量施肥的控制，控制精确、可靠性高	结构复杂，成本较高，调试维护不便
灌溉施肥机械	压差溶肥罐、文丘里注肥器、电动注肥泵、比例注肥泵等	节水、节肥、提高肥料利用率，简化田间施肥作业，适用于多种作物	需要另外增加动力设备和注入泵，造价较高

五、优质设施草莓综合配套管理技术

1. 怎样控制设施的光照?

光照不仅直接影响植株的光合作用,还间接影响果实着色。如果在开花前后光照不足,就会影响花粉内淀粉的积累,使花粉萌发时能量不够,导致发芽率降低,进而影响受精,产生畸形果。

保护地的光照调控包括减少光照和增加光照。保护地生产是在秋冬季和早春进行,这段时间太阳光照在全年当中最弱,而揭放草帘进行保温更会引起日光温室内日照时间的不足。此外,塑料棚膜表面常因静电作用吸附大量灰尘,降低了透光率,造成温室内光照强度不足,影响叶片的光合作用,进而影响草莓植株生长发育。所以,增加光照是主要的。

增加光照主要从两方面着手:一是改进保护设施的结构与管理技术,加强管理,增加自然光的透入;二是人工补光。温室应调节好屋面的角度,尽量缩小太阳光线的入射角。选用无滴膜,即抗老化膜。适时揭放保温覆盖设备,早揭晚放可以延长光照时数。揭开时间以揭开后棚室内不降温为原则,通常在日出前 1 小时左右早晨阳光洒满整个屋面时揭开,揭开后如果薄膜出现白霜,表明揭开时间偏早。覆盖时要求温室有较高的温度以保证温室夜间最低温不低于草莓同时期所需要的温度为准,一般太阳落山前 0.5 小时加盖,不宜过晚,否则会使室温下降。假如连续 2 ~ 3 天不揭开覆盖物,一旦晴天,光照很强时,不宜立即全揭,可先隔一揭一,逐渐全揭,如果连续阴天应进行人工照明补光照。至少每隔 2 天清扫一次塑料薄膜。减少薄膜水滴,涂白和挂反光膜,铺反光膜。

生产上常采用电照补光方法来延长光照时间,具体做法是:每亩地安装 100 瓦白炽灯泡 30 ~ 40 个,灯离畦面 1.5 ~ 1.8 米。或在棚内安装 LED 补光灯,可以水平或垂直放于植物上方。在 12 月上旬至翌年 1 月下旬期间,每天放草帘后补光 3～4 小时或者在夜间补光 3 小时。在后坡、后墙内侧挂反光幕以及墙上涂白等方法可以增强日光温室内的光照强度，提高草莓植株的光合效率。

2. 如何确定扣棚时间?

草莓果实发育的适宜温度为 20～25℃，保温过早影响花芽分化，保温过晚又会导致草莓休眠，发育不良，造成减产。要达到这一理想温度，适时扣棚保温是设施草莓优质高产栽培的关键。在 10 月上中旬，即霜冻到来之前，夜温降到 5～8℃时扣棚。扣棚后随气温下降要加盖草帘。扣棚后 2 周，铺盖黑色地膜，以利土壤升温、降低温室湿度和防杂草，垄上小行间铺设滴灌管，地膜一定要将整个垄台和垄沟覆盖严。覆膜后立即破膜提苗，防止高温灼伤叶片。

3. 如何调控设施内温度?

温度是草莓设施栽培环境调控的重要因子之一。根据草莓植株的生长发育特点，温度管理要求如下：

（1）**植株生长期** 白天温度宜保持在24～30℃，超过30℃要及时放风降温；夜间宜保持在12～18℃。此温度条件下有利于打破和抑制植株的休眠，促进营养生长，提早开花。如果温度过低，应在棚内设小拱棚，增加保温效果。

（2）**现蕾期** 白天温度宜保持在25～28℃，夜间8～12℃。

（3）**花期** 白天温度宜保持在22～25℃，夜间8～10℃。开花期若经历-2℃以下的低温，会出现雄蕊变黑、雌蕊柱头变色现象，严重影响授粉受精和坐果率。如果白天温度超过35℃，则花粉失去生活力，不能进行授粉。

（4）**果实膨大期及成熟期** 白天温度宜保持在20～25℃，夜间5～10℃。此期温度过高，果实膨大受影响，容易造成果实着色快，成熟早，但果实小，品质差。

所以温室按照要求建成以后，应该具有良好的保温效果，温室温度的调控是在此基础上进行保温、加温和降温 3 方面的调控节制，使室内的温度指标适应草莓各个生长发育时期的需求。

●适时揭盖保温覆盖设备。保温覆盖设备揭得过早或过晚都会导致气温明显下降。在极端寒冷和大风天气，要适当早盖晚揭。阴天适时揭开有利于利用散射光，同时气温也会回升，不揭气温反而下降。生长期采用遮盖保温覆盖设备的方法进行降温是不对的，因为影响光合作用。果树休眠期保低温，白天盖上保温覆盖设备，防止升温，夜间通风降温。

●设置防寒沟。可阻止室内地中热量横向流出，阻隔外部土壤低温向室内传导，减少热损失，应在大棚周围挖防寒沟。

●增施有机肥，埋入酿热物。

●地膜覆盖，控制湿度。

●把好出入口。冬季保护地门口很容易进风，使温室进口处温度降低，温度变化剧烈，影响草莓的生长，所以要把好出入口，减少缝隙放热。

●适时放风。保护地多用自然通风来控制气温的升高。只开上风口，排温排湿效果最明显。通风量逐渐增大，还可使气温忽高忽低，变化剧烈。换气时尽量使保护地内空气流速均匀，避免室外冷空气直接吹到植株上。

●必要时加温。

4. 如何调控设施内湿度?

控制浇水可减少蒸发和叶面蒸腾，从而降低空气湿度。植株喷水，空中喷雾可增加空气湿度。降低空气湿度时，在保温的前提下，要适时放风排湿，特别是灌水后更要注意放风。调控温度，吸水降湿。

5. 目前在草莓设施栽培中常见的传感器有哪些?

（1）空气温湿度传感器（图38） 一般安装于三脚支架上，放置在大棚中间位置，探头与草莓冠顶约同等高度。空气温度影响草莓的光合作用，最适温度为20～25℃。草莓定植后，可利用传感器实时监测大棚内的空气温度，通过通风、闭棚、加温等方式将棚内的温度控制在草莓生长最适范围内。

（2）土壤温度传感器（图39） 草莓根系在土壤中的分布比较浅，受环境影响较大，生长温度2℃以上，最适生长温度为15～23℃，土壤温度最高不能超过36℃。利用土壤温度传感器实时监测土壤温度变化，可及时提醒种植者采取各种农业措施控制土壤温度。

图38 空气温湿度传感器

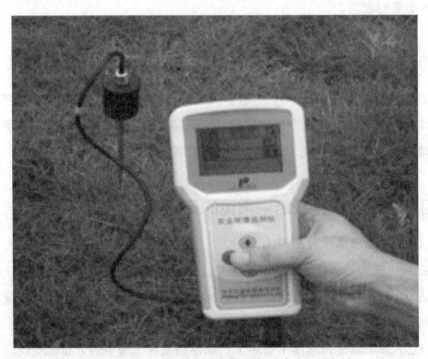

图39 土壤温度传感器

（3）土壤含水量传感器　土壤含水量是指土壤中所含水分的多少。草莓不同生长时期，所需要的土壤水分并不完全相同。草莓定植后一直至果实采收期，应用土壤含水量传感器将土壤含水量保持在17%～18%。果实膨大期提高土壤含水量到20％左右，由于草莓分批次陆续膨大成熟，可将土壤含水量控制在18％～19％，有效监控设施内土壤水分状况，促进草莓植株发育和产量形成。

（4）二氧化碳传感器　设施内小环境范围内的二氧化碳浓度对草莓植株的光合作用、呼吸作用等有重要影响，通过传感器监测，在设施内适当培育食用菌、施加肥料来提高二氧化碳至适宜浓度，可以促进草莓植株生长发育。

（5）光照度传感器和光合有效辐射传感器　利用传感器结合光合作用测定仪，测定促进草莓光合作用的最适光照度范围，根据不同草莓品种、不同生育阶段调整大棚内的光照度，保障草莓处于最佳生长状态。

将传感器应用于大棚草莓生产中，根据植株生长需要调节温度、湿度、水分等因子，可以保障植株的健康生长，增强植株自身免疫力，减少病虫害发生，从而减少农药使用，提高草莓食用安全性。

6. 如何进行土壤处理？

疏松、肥沃、透水、通气良好及微酸性的土壤环境条件，是获得草莓设施栽培高产的关键因素之一。土壤处理主要是结合整地每亩施入腐熟的优质农家肥5 000千克，中化生物有机肥750千克，氮、磷、钾复合肥30千克，并根据地下害虫及土传病害发生种类施入针对性杀虫杀菌剂，然后做成南北走向大垄。日光温室内采用大垄栽培草莓可以提高土壤的温度，有利于草莓植株管理和果实采收。生产中常用大垄规格是，上宽50～60厘米，下宽70～80厘米，高30～40厘米，垄沟宽20厘米。

7. 什么是土壤消毒技术？

是指运用化学、生物、物理等方法手段，达到高效快速杀灭土壤中真菌、细菌、线虫、杂草、土传病毒、地下害虫、啮齿动物的技术，它能很好地解决高附加值作物的重茬障碍问题，并显著提高作物的产量和品质。如土壤化学熏蒸、火焰消毒、太阳能利用、生物熏蒸等（图40）。其中采用土壤熏蒸剂进行土壤熏蒸消毒是广泛使用的防治草莓土传病害的技术。熏蒸剂在土壤中呈气体状态并具有移动性，因此易于分散，一次土壤熏蒸消毒可有效杀灭土壤中的真菌、细菌、线虫、杂草、土传病毒、地下害虫等，不仅显著提高草莓的产量和品质，还能降低其他农药使用量。

化学熏蒸　　　　　　　　　　　　　　　　　火焰消毒

太阳能利用　　　　　　　　　　　　　　　　生物熏蒸

图 40　土壤消毒技术

8. 如何对土壤进行消毒？

草莓植株忌重茬，长期连作后黄萎病、根腐病、枯萎病等土传病害发生严重，影响植株的长势和产量，严重时甚至整株绝收。为了确保优质、丰产，每年草莓植株定植前要对温室内连作的土壤实施消毒。目前最安全的方法是利用太阳热结合石灰氮进行土壤消毒。具体做法是：每 1 000 平方米连作土壤施用稻草或麦秸等未腐熟的有机物料 1 000 千克，石灰氮颗粒剂 80 千克，均匀混合后撒施于土壤表面。将土壤深翻做垄，垄沟内灌满水，在土壤表面覆盖一层地膜或旧棚膜，为了提高土壤消毒效果，将用过的旧棚膜覆盖在温室的钢骨架上，密封温室。土壤太阳能消毒在 7 ～ 8 月进行，利用夏季太阳热产生的高温（土壤温度可达 45 ～ 55℃），杀死土壤中的病菌和害虫，太阳热土壤消毒的时间至少为 40 天，最终以有无杂草来评判处理效果的优劣。

生产上也采用高温闷棚的方法，多年连作的田块炭疽病、黄萎病、青枯病等的病原菌会逐年累积，草莓定植后死苗严重。夏秋季高温闷棚可以有效控制病害。6～8月将大棚内的草莓残株、杂草等清理干净，深翻土壤，施足底肥，同时施入多菌灵、百菌清等广谱性杀菌剂。按生产要求开沟做畦，灌水使土壤湿润，畦面用塑料薄膜严密覆盖，再密封大棚膜，保持1个月（图41～图43）。外界气温达30～33℃时膜下温度可达70℃左右，20～30厘米地温可达40～50℃，这样可以有效杀死土壤中的病菌、杂草种子和地下害虫。

图41 土壤消毒处理前

图42 土壤消毒处理

图 43　土壤消毒处理后

9. 如何进行肥水管理?

当土壤含水量低于田间最大持水量的 70％时，就应该灌水。测试可以用手持式土壤湿度测定仪，也可采用用手握土的方法，当用力握土而不能成团时，说明需要灌水了。花前、花后、果实膨大期是需水较多时期，应保持土壤田间最大持水量的 70％～ 80％。果实成熟时，适当控水，可以增加果实硬度和减少病害发生。

草莓从移栽进温室到开始结果，生长期短，但需要养分很多。有实验证明，将氮元素保持在 7.2 毫摩尔／升有利于草莓的高产。所以，除施足底肥外，还要通过地下追肥和叶面喷肥来补充。追肥应采取少量多次的原则。草莓开花前应进行第一次追肥，以满足开花时植株对营养的需要，一般每亩施平霖复合肥30 ～ 40 千克，也可施入尿素 20 千克，磷肥 20 千克，森基复合植物全营养矿物元素增效剂 2 ～ 5 千克。采用先溶解肥料，结合灌水施入为宜。在果实膨大期追肥两次，此期间应以磷、钾肥为主，每次每亩施磷酸氢钾 20 ～ 30 千克。如果采用根外追肥，应从现蕾期开始每隔 10 天左右喷施一次，前期喷施尿素1 ～ 2 次，后期使用复合肥或磷酸二氢钾。注意花期不能喷施，以免影响授粉受精，影响果实发育。

10. 如何进行激素处理？

赤霉素处理可促进植株发育，防止休眠。10月中下旬，如果温度偏低可用赤霉素处理。喷赤霉素应选晴天，使用浓度及次数依品种不同而异。休眠浅的品种，用8毫克/升的赤霉素，每株喷5～7毫升，喷一次即可。而对休眠中等的品种如宝交早生，则需用10毫克/升的赤霉素，每株喷5毫升，10天后需要再喷5毫克/升的赤霉素，每株5毫升。

11. 如何在花期辅助授粉？

草莓虽自花授粉结实，但由于日光温室内空气湿度大，温度变化幅度大，通风量小，昆虫少等多种因素，不利授粉和受精，不进行辅助授粉，则果实个头小，畸形果增多。进行辅助授粉则果实个头增大，果形整齐，产量明显提高。温室内草莓辅助授粉可以采取两种方式：

（1）温室内放蜂　昆虫授粉具有节省人工和授粉均匀的特点，一般每亩温室放蜂两箱即可。在草莓开花前3～4天把蜂箱放入温室，放在离地面15厘米高处，蜂箱出口应朝向阳光射入的方向（图44）。放蜂期内加强温室内通风换气，严禁施用杀虫农药。

图44　蜂箱

（2）人工辅助授粉　草莓开花期间，于12时左右用毛笔蘸上授粉品种的花粉进行点授。但要注意不要操作过重碰伤柱头。

12. 如何调控二氧化碳气体?

冬春季节，由于棚室经常密闭，棚内白天二氧化碳浓度低，直接影响作物光合作用的正常进行。为此，需要给棚室内增施二氧化碳气肥。保护地气体的调控主要指日光温室内二氧化碳的调控和防止有害气体产生。二氧化碳的调控，主要指用人工方法来补充二氧化碳供植物吸收利用，通常称为二氧化碳施肥。二氧化碳施肥在一些国家已成为保护地生产的常规技术，增产效果显著。其来源和调控施用方法很多，但须考虑农业生产的实际情况选用，主要有增施固体二氧化碳，施用液态二氧化碳，燃料燃烧产生二氧化碳，或用化学反应法产生二氧化碳。

化学反应法产生二氧化碳，其浓度也不能过高，浓度过高不仅费用增多，而且还会造成植株二氧化碳中毒。二氧化碳浓度过高时，注意放风调节。

六、病虫害防治

1. 草莓病虫害防治指导思想与具体措施

指导思想是坚持"预防为主，综合防治"的植保方针。提倡生物防治和物理防治，科学使用化学防治方法。

具体措施分为农业防治法，物理防治法，化学防治法与生物防治法。

（1）农业防治法　是指利用自然因素控制病虫害的具体表现，通过农事操作，创造适于草莓生长发育而不利于病虫害生长发育的环境条件，达到消灭或抑制病虫害发生的目的。如微生态环境，合理作物布局，轮作间作等。

（2）物理防治法　应用各种物理因子、机械设备以及多种现代化工具防治病虫害的方法，称为物理防治法。如器械捕杀，诱集诱杀，驱避阻隔等。

（3）化学防治法　利用化学农药直接杀死或抑制病虫害发生、发展的措施，称为化学防治法。根据病虫害综合治理的基本原理，化学防治法是在考虑其他防治方法难以控制病虫危害的情况下才应用的措施，可对病虫种群密度起到暂时的调节作用。由于目前的技术水平，化学防治仍是最常用的防治手段，今后应努力使用高效低毒、与环境相容性好的农药。

（4）生物防治法　利用有益生物及生物的代谢产物防治病虫害的方法，称为生物防治法。包括保护自然天敌，人工繁殖释放、引进天敌，病原微生物及其代谢产物的利用，植物性农药的利用，以及其他有益生物的利用。这是现在提倡的治理方法，也将会在病虫害综合治理中越来越重要。

2. 如何对农药进行简单鉴别?

下面介绍几种简单的农药鉴别方法，供大家在购买农药时参考。

（1）农药标签　标签中必须注明产品名称、农药登记证号、产品标准号、生产许可证或生产批准号以及农药的有效成分、含量、净重（或净体积）、产品性能、毒性、用途、使用方法、生产日期、有效期、注意事项和生产企业名称、地址、邮政编码、分装单位，其中农药登记证号尤其重要。农药产品名称应当是通用名，农药购买者应仔细看标签，凡不是通用名称或不标明农药成分的产品，不要轻易购买。在农药的有效期中，一般水剂农药的有效期是1年，有机磷农药的有效期为2年，氨基甲酸酯类与粉剂类等有效期可在3年以上。

（2）农药药效鉴别法

● 乳剂。发现农药瓶里有沉淀、分层絮结现象，可将药瓶放在热水中（水温不可过高，以50～60℃为宜），静置1小时若沉淀物分解、絮结消失，说明农药有效，否则农药失效不能再使用。若农药瓶内出现分层现象，上层浮油下层沉淀，可用力摇动药瓶，使两层混匀，静置1小时若还是分层证明农药已变质失效，如果分层消失说明农药未失效，可以使用。也可取少许药剂，加水1～2倍，搅匀后静置2小时，若水面有浮油层，则为伪劣农药。

● 粉剂。取粉剂农药50克，放在玻璃瓶内，加少许水调成糊状，再加适量的清水搅拌均匀，放置10～20分钟。好的农药粉粒细，沉淀缓慢且少；失效农药粉粒粗，沉淀快而多。若粉剂农药已结块，不容易分解，证明已失效，不能再使用。

● 可湿性粉剂。将少量农药轻撒在泼有水的地面上，如果1分钟后农药还不溶解，说明已失效。将1克农药撒入一杯水中，充分搅拌，如果沉淀速度快，液面呈半透明状，则说明农药已失效，不宜使用。

● 田间检验法。用于检查疑难久存农药或新出厂的农药。可按使用说明配制好药液，然后喷洒在事先已调查有病虫害发生的一小片田块内，调查药效。若防治效果未达到防治要求，说明此农药无效，可能为假冒伪劣农药。

（3）农药三证，缺一不可　识别农药三证，可防假劣农药。凡是不以LS、PD、XK、Q等英文字母打头的三证号，可能是自己编写的，不受法律保护，其质量不能保证。

● 登记证。临时登记证是以LS或WL打头。正式（品种）登记证号以PD、PDN或WP、WPN打头。分装农药的尚需办理分装登记证号。

● 生产许可证号。农药生产许可证号格式如XK13067009（40%水胺硫磷乳油），农药生产批准文件号格式如 HNP44056-3296（10％啶虫脒微乳剂）。

●质量标准证。我国农药质量标准分为国家标准、行业标准、企业标准3种，其标准号分别以 GB、行业标准代码、Q 等打头。

3. 如何科学使用农药？

（1）安全用药　农药安全使用标准和农药合理使用准则参照GB 4285和GB/T 8321（所有部分）执行。所有使用的农药均应在农业部注册登记，具体可用农药、禁用农药见本书附录二与附录三。

（2）对症用药　农药品种多，各有用处和特点，防治的病虫害等种类也多，所以，使用农药前要正确认识防治对象和选择正确农药品种，防止误用农药，达到对症下药、准确查杀的效果。

（3）适时用药　用药时期应根据有害生物的发育期、作物生长进度及农药品种而定。根据各地病虫测报站规定的防治指标，施药防治。

（4）适当用药　使用时，需按照商品介绍说明书推荐用量使用，严格掌握施药量，不能任意增减，否则必将造成作物药害或影响防治效果。操作时，要保证药量、水量、饵料量、施用面积准确，真正做到准确适量施药，取得好的防治效果。

（5）均匀施药　农药的各种剂型施用方法有所不同，使用器械也种类繁多。各种农药所施用的机具都有其特定的用途和性能，而施药时，液体药剂喷洒、粉剂喷粉、颗粒剂撒施、毒饵投入均需考虑使用的器械和机具的性能、特点，才能很好地发挥其应有的作用，使药剂均匀周到地分布在作物或有害生物表面，取得科学、高效的防治结果。如喷洒除草剂时，使用专用喷头——激射式喷头，可减轻由于细雾飘扬使作物受到药害。超低容量喷雾法，要求雾化细度能达到50微米左右，雾滴能在空中飘移运行相当长的时间距离，不至于很快落到地上。使用手持低容量喷雾器时，不可将转盘喷头塞到作物下层来使用，否则不但不能发挥其应有作用，反而会造成损害。

（6）合理选择农药　在一个地区使用一种农药防治同一种病、虫害，长期连续使用，容易使有害生物产生抗药性，导致药效减弱，甚至无效。如杀虫、杀菌剂连续使用，害虫及病原菌产生抗药性更明显。近70年来产生抗药性的害虫种类已达600余种，病菌发生抗药性的种类也有数十种之多。特别是一些菊酯类杀虫剂和内吸性杀菌剂，连续使用数年，防治效果大幅度降低。出现有些药剂的药效减退现象时，要注意应从多方面加以调查、分析，找到准确的原因。因为任何一种农药的药效，都会受到自然条件，温湿度差别，喷药技术，使用浓度，配制毒饵所用饵料是否新鲜适口，防治对象是否对口等多种因素制约，不要轻而易举地做出结论。抗药性的预防，主要是轮换用药、混合用药、间断用药以及科学的施药技术。

●轮换用药。轮换使用作用机制不同的农药品种，是延缓有害生物产生抗药性的有效方法之一。需要注意的是一般内吸杀菌剂如苯并咪唑杀菌剂（多菌灵、甲基硫菌灵等）及抗生素类杀菌剂等，比较容易引起抗药性。

●科学混配农药。当前国内外对农药的混用和混剂都非常重视。为减缓抗药性的发生速度，按作用方式和作用机制不同的，两种或两种以上不同有效成分的农药制剂混配在一起施用，称为农药的混用。为了混用而加工出售有两种以上有效成分的农药制剂称作农药混剂。根据其用途不同又分为杀虫混剂、杀菌混剂、除草混剂、杀虫杀菌混剂、杀虫除草混剂等。合理科学地混用农药可以提高防治效果，延缓有害生物产生抗药性或扩大使用范围兼治不同种类的有害生物，节省人力和用药量，降低成本，提高药效，降低毒性，增强对人、畜的安全性。如乙霉威与多菌灵、甲基硫菌灵、腐霉利混配，Bt 乳剂与杀虫双混用，灭多威与菊酯类混用，双硫灭多威与氨基甲酸酯、有机磷混用，有机磷制剂与拟除虫菊酯混用，甲霜灵与代森锰锌混用等均有增效作用。混配的农药同样也不能长期单一使用，也须轮换用药，否则也会引起抗药性产生。并非所有农药都能混用，如遇碱分解的有机磷杀虫剂不能与碱性强的石硫合剂混用。可以混用的农药，其有效成分之间不能发生化学变化。近几年发展最快的是高效拟除虫菊酯类杀虫剂与有机磷杀虫剂为有效成分的混配制剂。

●间断用药。已产生抗药性的药，在一段时间内停止使用，抗药性现象可能逐渐减退，甚至消失。如过去防治蚜虫使用的内吸磷、对硫磷等引起蚜虫的抗药性，经过一段时间停止使用后，抗药性基本消失，药剂的毒力仍可恢复。

4. 草莓白粉病的发生规律是什么？如何识别？怎样防治？

白粉病（彩图10）是危害草莓植株的主要病害之一，主要危害草莓的叶、花、果梗和果实。发病初期，叶面上长出薄薄的白色菌丝层，随着病情加重叶缘向上卷起，叶片呈汤勺状，呈现白色粉状颗粒，严重时叶片失绿呈铁锈状。花蕾受害，花瓣不能正常开放，幼果不能正常膨大。果实后期受害，果面覆有一层白粉，出现"白果"现象，影响果实外观品质和内在品质。

草莓白粉病病菌是专性寄生菌，环境中如果没有病原菌存在，草莓就不会得白粉病。温度和空气湿度是影响草莓白粉病发病的最主要环境因子，适宜的发病温度是 15 ～ 20℃，低于 5℃ 或高于 35℃ 均不能发病。适宜发病的相对湿度是 40% ～ 80%，分生孢子在有水滴的情况下不能萌发，降雨能够抑制孢子传播。该病是日光温室草莓栽培的主要病害，严重时可导致绝产。

白粉病防治要注意选用抗病品种，合理密植；加强植株管理，注意温湿度调控；栽前种后要清洁苗地；草莓生长期间应及时摘除病残老叶和病果，并集中销毁；要保持良好的通风透光条件，雨后及时排水，加强肥水管理，培育健壮植株。

果实发育期可采用 12.5% 腈菌唑乳油 2 000 ～ 3 000 倍液，40% 福星乳油 5 000 ～ 8 000 倍液等内吸性强的杀菌剂进行喷雾防治。采用 25% 乙嘧酚悬浮剂 800 倍液的防治效果可达 93.86%。

防治棚室中白粉病的另一有效办法是硫黄熏蒸。在傍晚将硫黄粉放在金属器皿上，通过调节电炉与盛放硫黄粉的金属器皿间的距离来达到适宜的加热程度，在密闭熏蒸几个小时条件下，硫黄可变成气体挥发，达到很好的防治效果。目前，有专门的硫黄熏蒸器可供使用（图45），其功率一般为 36 瓦，在日光温室内使用较普遍。充分利用硫黄熏蒸器安全、操作简单的便利条件，发挥硫黄熏蒸防治白粉病的效果。但是现有日光温室夜间棚室内相对湿度偏高，缺乏必要的降低湿度手段，长时间进行硫黄熏蒸容易产生药害，所以使用时必须注意。

实践证明，白粉病是较易对药剂产生抗性的病害，正常情况下 10 天即可完成一次侵染循环，在生产中应做到轮换交替用药，每次施药间隔期以 7 天为宜。生产上采用硫黄熏蒸结合喷洒药剂处理，防治草莓白粉病的效果很好。

图 45　硫黄熏蒸器

5. 如何识别和防治草莓灰霉病？

灰霉病是草莓的主要病害，设施栽培和露地栽培均易发生。主要危害草莓的叶、花、果梗和果实，是果实膨大后期易出现的病害。在叶上发病时，产生褐色或暗褐色水渍状病斑，有时病部微具轮纹。干时病部褐色干腐，湿润时叶片背面出现乳白色绒毛状菌丝团。果实被害时最初出现油渍状淡褐色小斑点，进而斑点扩大，全果变软，出现由病原菌分生孢子和分生孢子梗组成的灰色霉状物（彩图 11）。

灰霉病病菌在被害植物组织内越冬，在气温 18～20℃、高湿条件下大量繁殖，孢子在空气中传播。栽植过密，氮肥过多，植株生长过于繁茂，灌水过多，阴雨连绵，空气湿度过大时都可导致发病严重。可通过及时通风减少温室的湿度来控制发病。药剂防治选用 50％乙烯菌核利可湿性粉剂 800 倍液，或 50％多菌灵可湿性粉剂、50％甲基硫菌灵可湿性粉剂 1 000 倍液，或 50％退菌特可湿性粉剂 800 倍液花前喷施。也可用 50％腐霉利可湿性粉剂 1 000 倍液，65％甲硫·霉威可湿性粉剂 1 500 倍液，或 50％异菌脲可湿性粉剂 1 000 倍液，7～10天喷一次，连喷 2～3 次。果实大量成熟时期，只能采用烟剂熏蒸的方法防治，每亩用 20％腐霉利烟剂 80～100 克，傍晚时候分散放置在棚室内，点燃后迅速撤离，密闭棚室过夜熏蒸。

6. 如何识别和防治草莓黄萎病？

草莓黄萎病（彩图12）主要危害草莓的叶片。初侵染的叶片和叶柄上产生黑褐色长条形病斑，叶片失去光泽，从叶缘和叶脉间开始变成黄褐色，萎蔫，干燥时叶片枯死。新叶感病后，变成灰绿色或淡褐色，下垂。受害植株的叶柄、果梗和根茎横切面上可见维管束部分或全部变褐。病害严重时可导致植株死亡，地上部分变黑、腐败。

病菌以菌丝或厚垣孢子在植株残体内越冬，其拟菌核在土壤中可以存活多年。病原菌从草莓根部侵入，沿维管束上升后引起地上部分发病，同时病原菌可以通过维管束传播到匍匐茎子苗。在气温20～25℃，土壤相对湿度25%以上时发病严重，28℃以上停止发病。该病原菌不仅危害草莓，还危害茄子、番茄、黄瓜等作物。因此，在草莓与茄子轮作的地区，黄萎病发生严重。

用50%代森锰锌可湿性粉剂500倍液或50%多菌灵可湿性粉剂600～700倍液喷杀。定植前，用50%甲基硫菌灵可湿性粉剂1 000倍液浸苗5分钟，待药液晾干后栽植。

7. 如何识别和防治草莓红中柱根腐病？

草莓红中柱根腐病也称作草莓红心根腐病、红心病或褐心病，是冷凉和土壤潮湿地区的主要草莓病害，主要危害根部（彩图13）。开始发病时，在幼根根尖腐烂，至根上有裂口时，中柱出现红色腐烂，并且可扩展至根颈，病株容易拔起。该病可以分为急性萎蔫型和慢性萎缩型两种类型。急性萎蔫型多在春夏季发生，从定植后到早春植株生长期间，植株外观上没有异常表现，在3月中旬至5月初，特别是久雨初晴后，植株突然凋萎，青枯状死亡。慢性萎缩型主要在定植后至初冬期间发生，老叶边缘甚至整个叶片变红色或紫褐色，继而叶片枯死，植株萎缩而逐渐枯萎死亡。

病菌以卵孢子在土壤中存活，可以存活数年。卵孢子在晚秋初冬时产生游动孢子，侵入主根或侧根尖端的表皮，形成病斑。菌丝沿着中柱生长，导致中柱变红、腐烂。病斑部位产生的孢子囊借助灌水或雨水传播蔓延。该病是低温病害，地温6～10℃是发病适温，大水漫灌、排水不良会加重发病。

定植前，用50%乙铝·锰锌可湿性粉剂浸苗；定植后用50%乙铝·锰锌可湿性粉剂喷雾防治或用甲霜·锰锌灌根防治。

8. 红中柱根腐病与炭疽病怎样鉴别?

炭疽病与红中柱根腐病都是久雨初晴后叶尖突然凋萎,不久呈青枯状,引起全株迅速枯死。慢性根腐病下部老叶叶缘变紫红色或紫褐色,而炭疽病匍匐茎、叶柄、叶片染病,初始产生直径 3 ～ 7 毫米的黑色纺锤形或椭圆形溃疡状病斑。根腐病的根部是从内向外腐烂,根部溃烂,易拔起;炭疽病从外向内侵染,根系正常,难拔起。

9. 如何识别和防治草莓枯萎病?

草莓枯萎病(彩图 14)也称草莓镰刀菌枯萎病,主要危害根部,在开花至收获期发病,苗期也发病。初期症状为心叶变黄绿色或黄色,卷曲,狭小,失去光泽,植株生长衰弱。植株下部老叶片呈紫红色萎蔫,后枯黄,最后全株枯死(彩图 14)。根系变黑褐色,叶柄和果梗的维管束也变为褐色至黑褐色。受害轻的病株结果减少,果实不能正常膨大,品质变劣。

病菌以菌丝体和厚垣孢子在草莓残体和未腐熟的带菌肥料及种子上越冬。草莓镰刀菌是专性寄生菌,孢子通过带病草莓植株、病土和流水传播,病菌可以通过匍匐茎维管组织传给子苗。高温可导致该病发生严重,25 ～ 30℃时枯死植株猛增。地势低洼、排水不良的地块病害严重。该病原菌无论在旱田和水田均能长期生存。

定植前,用 50%甲基硫菌灵可湿性粉剂 1 000 倍液浸苗 5 分钟,待药液晾干后栽植。生长期间发病可用 50%多菌灵可湿性粉剂 600 ～ 700 倍液或 50%代森锰锌可湿性粉剂 500 倍液喷淋茎基部。

10. 草莓病毒病的识别,发病条件及预防

草莓病毒病是一种世界性的病害。只要有草莓种植就有此病的发生或带有病原体。随着生产者栽培水平的提升,此病成为抑制草莓产量和质量提高的主要病害。

(1)症状识别 草莓病毒病可由多种病毒单独或复合侵染引起。特别是

感染单种病毒，大多症状不显著，或者难以看出什么症状，称为隐症。表现出症状者多为长势衰弱，退化，如新叶展开不充分，叶片小型化，无光泽，叶片变色，群体矮化，坐果少，果形小，产量低，生长不良，品质变劣，含糖量降低，含酸量增加，甚至不结果。复合感染时，由于毒源不同，表现症状各异。草莓上发生的病毒病种类很多，对草莓的产量和品质影响很大，其中危害严重的有5种。①草莓斑驳病毒。单独侵染不表现症状，只有复合侵染时表现为植株矮化，叶片变小，产生失绿斑，叶片皱缩及扭曲。②草莓轻型黄边病毒。可引起植株矮化，复合侵染时可引起叶片失绿黄化，叶片卷曲。③草莓镶脉病毒。单独侵染时无明显症状，当和斑驳病毒或轻型黄边病毒复合侵染时，病株叶片皱缩扭曲，植株极度矮化。④草莓皱缩病毒。在感病品种上表现为叶片畸形，有失绿斑，幼叶生长不对称，小叶黄化，植株矮小。⑤草莓潜隐环斑病毒。单独侵染时在多数栽培品种上不表现症状，和其他病毒复合侵染时，植株表现为矮化，叶片反卷扭曲。

（2）发病条件　苗木带毒是病毒远距离传播流行的主要原因之一，引进带毒草莓后，自然繁殖的苗子都带毒。另外，蚜虫是田间株间传毒的主要媒介，蚜虫在传毒以后，病毒在植株体内要经过半月以后才会发病表现症状。

（3）防治方法

●注意检疫。引进无病毒苗木栽植，可显著提高草莓产量和品质，并注意2～3年换1次苗。

●苗木脱毒。草莓苗在 40～42℃ 下处理 3 周，切取茎尖组织培养，获得无毒母株后，进行隔离繁殖无毒苗。

●生长期防治蚜虫。可用 10% 吡虫啉可湿性粉剂 5 000 倍液喷雾，大棚中可用 1% 吡虫啉油烟剂喷烟防治，以防止加大棚内湿度。

11. 如何识别和防治二斑叶螨?

二斑叶螨在国内也称作白蜘蛛，是世界性分布的害螨。其寄主植物广泛，各种寄主植物上的二斑叶螨可以相互转移。二斑叶螨刺吸草莓叶片汁液，被害部位出现针眼般灰白色小斑点，随后逐渐扩展，致使整叶片布满碎白色花纹，严重时叶片黄化卷曲或呈锈色，植株萎缩矮化，严重影响产量。

雌螨体长 0.43～0.53 毫米，宽 0.31～0.32 毫米，背面观为卵圆形，若虫和成虫为黄色或绿色，体背两侧各有黑斑一块，滞育越冬期的雌螨体色变为橙色。雄螨体长 0.36～0.42 毫米，宽 0.19～0.25 毫米，背面观为菱形，淡黄色或淡黄绿色。卵为球形，透明，孵化前变为乳白色。二斑叶螨一年可繁殖 10～20 代，但在草莓上，一般只有 3～4 代。以雌螨滞育越冬，早春气温上升到 10℃ 以上时开始产卵大量繁殖。在温室内，二斑叶螨可以周年繁殖，没有明显的越冬迹象。

螨类危害（彩图 15）要早期防治，可用 20％双甲脒乳油 1 000～1 500 倍液或 1％甲氨基阿维菌素苯甲酸盐乳油 2 000～3 000 倍液喷雾防治，阿维菌素 1 000 倍液或 1.3％苦参碱 2 000 倍液防治，10 天左右一次，连续防治 2～3 次。一般采果前 2 周要停止用药。

12. 如何识别和防治朱砂叶螨？

朱砂叶螨也被称作棉红蜘蛛、红蜘蛛、红叶螨，是世界性分布的害虫。朱砂叶螨刺吸草莓叶片汁液，造成叶片苍白、生长萎缩，严重时可导致叶片枯焦脱落。

朱砂叶螨是与二斑叶螨亲缘关系非常近的一种螨类，其雌螨体长 0.42～0.56 毫米，宽 0.26～0.33 毫米，背面观卵圆形，红色，渐变为锈红色或褐红色，无季节性变化。体两侧有黑斑 2 对，前一对较大，在食料丰富且虫口密度大时前一对大的黑斑可向后延伸，与体末的一对黑斑相连。雄螨背面观呈菱形，体色呈红色或淡红色。卵为圆球形，无色至深黄色带红点，有光泽。朱砂叶螨在东北地区一年可以繁殖 12 代，在南方一年可以繁殖 20 多代。在华北及以北地区，以雌螨滞育越冬。在华中地区，以各种虫态在杂草丛中或树皮缝中越冬。在华南地区，冬季气温高时，可以继续繁殖活动。早春气温上升到 10℃ 以上时开始产卵大量繁殖。在温室和大棚内，同二斑叶螨一样，没有明显的越冬迹象，周年危害。

螨类危害要早期防治，可用 20％双甲脒乳油 1 000～1 500 倍液或 1％甲氨基阿维菌素苯甲酸盐乳油 2 000～3 000 倍液喷雾防治，阿维菌素 1 000 倍液或 1.3％苦参碱 2 000 倍液防治。10 天左右一次，连续防治 2～3 次。一般采果前 2 周要停止用药。

13. 如何识别和防治桃蚜?

桃蚜又名桃赤蚜,在世界广泛分布,在我国各地的草莓产区多有发生。主要在草莓的嫩叶、嫩心和幼嫩花蕾上繁殖取食汁液,造成嫩叶皱缩卷曲、畸形,不能正常展开,嫩心萎缩。

有翅胎生雌蚜成虫体长 1.6 ~ 1.7 毫米,无翅胎生雌蚜成虫体长 2 ~ 2.6 毫米,体色有绿、黄绿、褐色等多种颜色,体表粗糙。若蚜与无翅胎生雌蚜相似,淡红色或黄绿色。卵长约 1.2 毫米,长椭圆形,初产时淡绿色,后变为黑色。桃蚜一年发生大约 30 代,以卵在树上越冬。第二年春季开始孵化繁殖,4 ~ 5 月出现有翅迁飞蚜,飞向各种田间植物,开始在草莓植株上危害。深秋,有翅蚜再飞回树上,产生有性蚜,交配产卵越冬。

可喷洒 80% 敌敌畏乳油 1 500 倍液,20% 杀灭菊酯乳油、10% 氯氰菊酯乳油 4 000 倍液等。喷药时要侧重叶片背面。

14. 如何识别和防治绵蚜?

绵蚜又称腻虫,是世界性大害虫,国内各地都有发生。主要在草莓的嫩叶背面、嫩心和幼嫩花蕾上繁殖取食汁液,造成嫩叶皱缩卷曲、畸形,不能正常展开。

无翅胎生雌蚜成虫体长 1.5 ~ 1.9 毫米,夏季黄绿色,春秋季墨绿色。若蚜黄色或蓝灰色。卵为椭圆形,初产时橙黄色,后变为黑色。绵蚜一年繁殖几十代,以卵在树上及枯草基部越冬。第二年春季开始孵化繁殖,是春季最早迁移到草莓植株上的蚜虫。绵蚜无滞育现象,在冬季的温室和大棚中可以危害作物。

药剂防治可用 20% 速灭菊酯或其他菊酯类乳油 10 ~ 20 毫升 / 亩,50% 灭蚜松乳油 20 ~ 30 毫升 / 亩,50% 西维因可湿性粉剂 30 ~ 50 克 / 亩。

15. 如何识别和防治草莓根蚜?

草莓根蚜主要群集在草莓心叶及茎部吸食汁液,使心叶生长受抑制,植株生长不良，严重时植株可枯死。

无翅胎生雌蚜的体长约1.5毫米，青绿色。若虫体色稍浅。卵为长椭圆形，黑色。在寒冷地区以卵越冬，在温暖地区则以无翅胎生雌蚜越冬。

药剂防治可选用22%敌敌畏烟剂，500克/亩，分放6～8处，傍晚点燃，密闭棚室，过夜熏蒸。喷雾防治可采用1%苦参碱醇溶液800～1 000倍液、50%抗蚜威可湿性粉剂2 000倍液、3%啶虫脒乳油2 000～2 500倍液或10%吡虫啉可湿性粉剂1 500～2 000倍液，一般采果前两周停止用药。

16. 如何识别和防治温室白粉虱？

危害草莓的白粉虱有多种，包括温室白粉虱和草莓白粉虱等，其中温室白粉虱的危害最为严重。白粉虱群集在叶片上，吸食汁液，使叶片的生长受阻，影响植株的正常生长发育。此外，白粉虱分泌大量蜜露，导致烟霉菌在植株上大量生长，引发煤污病的发生，严重影响叶片的光合作用和呼吸作用，造成叶片萎蔫，甚至植株死亡。

白粉虱成虫体长1～1.5毫米，具有两对翅膀，上面覆盖白色蜡粉。卵为长椭圆形，约0.2毫米，黏附于叶背。一年可以发生10余代，以各种虫态在温室越冬，可以周年危害。

白粉虱可用敌敌畏烟剂熏蒸，方法同根蚜防治。喷雾防治选用25%噻嗪酮可湿性粉剂2 500倍液或2.5%氯氟氰菊酯乳油3 000～4 000倍液，一般采收前两周停止用药。

17. 如何识别和防治草莓白粉虱？

白粉虱成虫体长0.9～1.4毫米，淡黄白色或白色，雌雄均有翅，全身披有白色蜡粉。雌虫个体大于雄虫，其产卵器为针状。卵长椭圆形，长0.2～0.25毫米，初产淡黄色，后变为黑褐色，有卵柄，产于叶背。若虫椭圆形、扁平。淡黄或深绿色，体表有长短不齐的蜡质丝状突起。蛹椭圆形，长0.7～0.8毫米。中间略隆起，黄褐色，体背有5～8对长短不齐的蜡丝。

在白粉虱发生期用12%扑虱灵乳油1 000倍液，或25%灭螨猛乳油1 000倍液，或2.5%天王星乳油3 000倍液。白粉虱防治最好的药剂就是啶虫脒，一般有效成分含量为3％时使用800倍液，或2.5％高效氯氟氰酯乳油4000倍液喷洒均有较好效果。采果前15天应停止用药。保护地栽培可用敌敌畏烟剂熏烟，用药量及方法同根蚜防治。

18. 如何识别和防治线虫？

线虫分布广泛，生活方式多样，目前世界上已知可侵害草莓的线虫有40多种，近年来已成为草莓生产特别是保护地生产的一种重要病害，可直接导致减产30％～70％，同时加重了枯萎病、根腐病等土传病害的发生，目前已成为实现草莓商品性栽培的一大障碍。主要有草莓芽线虫和草莓根线虫。

（1）危害　线虫会使草莓生活力降低，易受真菌、细菌等病原物的侵染，部分线虫还可传播病毒。侵害部位不同，症状表现也不同（彩图16）。大体上可归纳为矮化、变形变色、枯叶、衰弱等几个类型。各种根线虫在根部侵染，到一定程度时在根系上形成许多大小不等近似瘤状的根结，使根部粗糙、形态不规则，剖开根结或肿大根体，可见乳白色或淡黄色的虫体。当天气炎热、干旱、缺肥和其他逆境时，症状更明显。芽线虫主要危害嫩芽，芽受害后新叶扭曲，严重时芽和叶柄变成红色，花芽受害时，使花蕾、萼片以及花瓣畸形，坐果率降低，后期危害，苗心腐烂。根线虫危害后，草莓根系不发达，植株矮小，须根变褐，最后腐烂、脱落。

（2）发生规律　线虫主要通过病土、病苗及灌溉水传播侵染；一般地势高燥、疏松透气、盐分低的土壤最适宜于线虫存活。当地温稳定在12～14℃时，线虫即可入侵危害，土温为25～30℃，土壤含水量为40％时，病原线虫发育最快，10℃以下时幼虫停止活动。草莓根线虫大多数分布在5～50厘米深的土层内，以5～30厘米深度内的耕作层土壤中，尤其25厘米深处根线虫数量最多，重茬地、沙质土、坡地土发生严重。

（3）防治方法

●杜绝虫源。选择无线虫危害的秧苗，在繁殖苗期发现线虫危害苗及时拔除，并进行防治。浇水可以控制线虫病害。多次少量灌水比深灌更好。

●轮作换茬。草莓种植1～2年后，要改种抗线虫的作物，间隔4～5年以后再种草莓。

●利用太阳能高温处理土壤消灭线虫。利用夏季高温季节，挖沟起垄，沟内灌满水，然后覆盖地膜密闭，使30厘米内的土层温度达到50℃，保持15～20天，在高温厌氧水淹的条件下，可使20厘米以上的线虫总量减少89.9%。

●药剂防治。施药应在气温10℃以上，以土壤温度17～21℃的效果最佳。还要考虑土壤湿度，干旱季节施药效果差。防治芽线虫在早春开花前，或草莓采收完毕后，可用1.8%阿维菌素乳油或25%华光霉素可湿性粉剂5 000倍液喷雾防治，间隔7～10天再喷一次。防治根线虫可在草莓采收完毕后，先顺行开沟，结合防治蛴螬等地下害虫，用90%晶体敌百虫800倍液喷雾，然后覆土，土壤干旱时可适量浇水。果实生长到成熟期不能施药。

19. 草莓种植中杂草的危害及防治办法

防御杂草危害一直是草莓生产中的一个重要问题。由于草莓园施肥量大，灌水频繁，杂草发生量大，不仅与草莓争夺水分和养分，而且还影响通风透光，恶化草莓园的小气候，使病虫害发生严重。主要防治方法如下。

（1）耕翻土壤　在新栽草莓之前，进行土壤深耕翻地，可以有效地控制杂草。耕翻后1～2周内不下雨，就可以利用太阳将露在外面的杂草晒死，使翻入土中的不见光杂草烂掉。

（2）地膜覆盖　黑色地膜覆盖土表，可保持土壤无杂草，是现代设施草莓栽培中最常用的防治杂草技术。

（3）人工除草　草莓生产中，经常进行人工除草必不可少，可以保持草莓园的清洁。除草与中耕松土保墒可同时进行。

（4）化学除草　化学除草就是利用除草剂防治杂草（彩图17）。化学除草具有高效、迅速、成本低、省工等特点。在日本等国化学除草已经成为草莓栽培中的一项常规性技术措施。化学除草在草莓园使用一定要谨慎，许多除草剂都会对草莓产生危害（彩图18）。具体可用除草剂及使用方法见附录一。

20. 草莓生理性障碍主要表现在哪些方面？

生理性障碍是由非生物因子引起的病害，如营养、水分、温度、光照及有毒物质等，阻碍植株的正常生长而出现不同病症。这些由环境条件不适而引起的果树病害不能相互传染，故又称为非传染性病害或生理性病害，主要表现为缺素症（彩图19）及其他一些环境引起的病害症状。而侵染性病害的发生与非侵染性病害的发生是相辅相成的，植物由于非侵染性病害出现时抵抗力下降，容易遭受侵染性病原的侵染。因此，控制温室内草莓苗生长的环境条件，可以有效预防非侵染性病害，降低侵染性病害发生的可能。

21. 设施草莓发生低温障碍时有什么症状？如何防治？

（1）发生症状　北方地区，冬春季节低温障碍（彩图20）发生时，草莓的叶片呈阴绿状，并伴有萎蔫的现象。这是由于草莓植株长期处在寒冷的环境里，根系由于低温或冬季霜冻很少有新根和须根产生。长期处于低温状态的植株便停止生长，在低温、高湿度下或遇急降温气候重症受冻时，整株会呈深绿色浸水状萎蔫。在花芽分化时遇低温，花序减数分裂障碍，形成多手畸形果、双子畸形果、授粉不良形成的半畸形果等。低温还会使雌雄花器分化不完全，从而影响授粉，导致受精不良，这样草莓就会产生各种畸形果。

（2）防治措施

●选择抗低温品种。应选择对低温适应强的品种，如丰香、全明星等。

●采取保苗措施。霜冻来临之前，应尽早覆膜保持地温。定植之后提倡全地膜覆盖栽培，可有效地保持棚室温度。同时进行滴灌和膜下渗浇，小水勤浇，切忌大水漫灌，有利于保温排湿。

●采用蜜蜂授粉。一般半亩日光温室，可放置1～2箱蜜蜂。但应注意蜜蜂对刺激性的气味比较敏感，所以在蜜蜂授粉期间，要严禁使用化学肥料和农药之类的东西。另外，温室的天窗之类的封口要设有纱网，以防蜜蜂飞出。

●喷施抗寒剂。在生产上可选用3.4%碧护可湿性粉剂7 500～10 000倍液或选用复硝酚钠4 000～5 000倍液，还可以选用红糖＋0.3%磷酸二氢钾进行喷施，防治效果较好。

22. 草莓日灼症有哪些症状？如何防治？

草莓日灼症又称日烧，主要有心叶日灼症和果实日灼症两类。

（1）主要症状　草莓心叶日灼症主要是中心嫩叶在初展或未展之时叶缘急性干枯死亡，干死部分褐色或黑褐色。由于叶缘细胞死亡，而其他部分细胞迅速长大，所以受害叶片多数像翻转的酒杯或汤匙，受害叶片明显变小。草莓果实日灼症主要发生在充分裸露在阳光下的果实，病部阳面表皮灼伤死亡，浅层果肉干缩，表皮发白稍凹陷。

（2）发病原因　受害株根系发育较差，新叶过于柔嫩，特别是雨后暴晴，叶片蒸腾，虽是一种被动保护反应，但可削弱草莓的生长势。另一种是经常喷洒赤霉素，阻碍根的发育，影响草莓的生长平衡时加重发病。栽培管理不当使草莓植株长势较弱，叶片数稀少，土壤干旱。早晨果实上出现大量露珠，太阳照射后露珠聚光吸热致果实灼伤；炎热的中午或午后土壤水分不足，雨后骤晴都可引起日灼症。

（3）防治方法　栽健壮秧苗，加强草莓生长期的管理，在土层深厚的田块种草莓，以利根系发育。高温干旱季节之前在根际适当培土保护根系，合理地进行水、肥供应。慎用赤霉素，特别在干旱高温期要少用赤霉素。连阴雨天后骤晴时，在草莓园上部架设遮阳网，减少阳光直射暴晒。对于过分暴露的果实进行摆果，藏于叶片下部。

23. 草莓生理性白化叶有哪些症状？如何防治？

（1）症状识别　叶片上出现不规则、大小不等的白色斑纹，白斑部分包括叶脉完全失绿，但细胞依然存活。白斑通常在细胞尚未充分长大时出现，此时叶面出现局部由绿变白，细胞停止生长，而绿色部分仍正常生长，因此造成叶片扭曲，畸形。发病早的，叶片和株形严重变小，病株系统发病，可由母株经匍匐茎传给子株，子株发病常重于母株，重病子株常极度畸小，不能展叶，光合能力下降或基本丧失，根部生长发育极差，越冬期间极易死亡。秋季发病最重。

（2）发病原因　不完全清楚，某些方面具有病毒感染的特征。

（3）防治方法　发现病株立即拔除，不能作母株繁苗使用，不栽病苗，选用抗病品种。

24. 草莓缺氮症有哪些症状？如何防治？

幼叶或未成熟叶片颜色淡绿。成熟叶缺氮初期，尤其是草莓生长盛期，逐渐由绿变成淡绿色。随着缺氮的加重，老叶开始变黄，甚至出现局部干枯，叶柄和花萼呈为红色，叶片进而呈锯齿状红色。

主要防治方法是施足底肥或发现缺氮时追施氮肥，每亩追施尿素 8.5 千克或硝酸铵 11.5 千克后灌水，或花期叶面喷施 0.3%～0.5%尿素溶液 1～2 次。

25. 草莓缺钾如何防治？

缺钾症对老叶的危害较重，先发生于草莓植株上部的成熟叶片，叶片边缘出现褐色或者干枯，在叶脉间出现斑点，并向中心发展。光照会加重对叶片的灼伤，与日灼症不同。缺钾草莓的果实着色程度低、颜色浅，口感差。

防治方法是施用充足的有机肥料，每亩追施硫酸钾 7.5 千克左右，或叶面喷施 0.1%～0.2%磷酸二氢钾溶液 50 千克，隔 7～10 天一次，喷施 2～3 次。

26. 草莓缺磷如何防治？

缺磷植株生长弱，发育缓慢，叶片带青铜暗绿色。缺磷严重时，上部叶片有紫红色的斑点出现。草莓缺磷植株的花、果均较正常植株小。含钙多或酸性土壤及疏松的沙质土或有机质多的土壤易发生缺磷现象。

防治方法是，在症状刚出现时叶面喷施 1%过磷酸钙溶液 50 千克或 0.1%～0.2%磷酸二氢钾溶液 50 千克，每隔 7 天喷施一次，追施 2～3 次。

27. 如何识别并防治草莓缺钙症？

叶片缺钙最典型的症状就是俗称的叶焦病，一般发生在新叶上，造成叶片顶端皱缩，叶尖焦枯。花器缺钙会造成花萼焦枯，花蕾变褐，新芽顶端干枯。果实缺钙时幼果期会出现僵果，成熟期的果实缺钙会导致细胞壁薄，细胞密度小，果实发软，耐储运性差，果实重量降低。根系缺钙的草莓根系短，根毛少，根尖从黄白色转为棕色，严重时死亡。

若是施用的钙肥过少，可以增施钙肥，向土壤施入含钙丰富的肥料。常用的钙肥有过磷酸钙、翠康钙宝、氨基酸钙、中化流体钙等。如果为其他元素过多，影响了钙质元素的吸收，则可以叶面喷施钙肥来补充植株的钙质元素，同时调整施肥配方，达到肥料均衡。

28. 如何识别并防治草莓缺镁症？

一般由上部叶片开始，叶片边缘黄化或变褐焦枯，进而叶脉间失绿并出现暗褐色的斑点，部分斑点发展为坏死斑。焦枯加重时，茎部叶片呈淡绿色并肿起，焦枯现象随着叶龄的增长和缺镁的加重而加重。一般在沙质土栽培草莓或氮肥、钾肥过多易出现缺镁症。

防治方法是每亩叶面喷施 1%～2% 硫酸镁溶液 50 千克，每隔 10 天喷施一次，喷施 2～3 次即可。

29. 如何识别并防治草莓缺铁症？

缺铁症表现为幼叶受害严重，幼叶失绿黄化，随着黄化加重叶片变白。中度缺铁时，叶脉为绿色，叶脉间为黄白色。严重缺铁时，新长出的小叶变白，叶片边缘坏死或小叶黄化。碱性土壤或酸性较强的土壤易缺铁。

防治方法是改善植株缺铁症状。首先应调节土壤酸碱度，将土壤 pH 调至适宜草莓植株正常生长的范围，然后叶面喷施 0.2%～0.5% 硫酸亚铁溶液，2～3 次即可有效改善植株缺铁症状。

30. 草莓缺锌有哪些症状？如何防治？

轻微缺锌的草莓植株一般不表现症状。缺锌加重时，较老叶片会变窄，特别是基部叶片，缺锌越重窄叶部分越伸长，但缺锌不发生坏死现象，这是缺锌的特有症状。缺锌植株在叶龄大的叶片上往往出现叶脉和表面组织发红的症状。严重缺锌时新叶黄化，但叶脉仍保持绿色或微红，叶片边缘有明显的黄色或淡绿色的锯齿形边。缺锌植株纤维状根多且较长。果实一般发育正常，但结果量少，果个变小。

防治方法是增施有机肥，改良土壤。发现缺锌，及时用 0.05%～0.1% 硫酸锌溶液叶面喷施。

31. 草莓缺硼如何防治？

草莓早期缺硼的症状表现为幼龄叶片出现皱缩和叶焦，叶片变小，生长点受伤害，根短粗、色暗。随着缺硼的加剧，老叶有的叶脉间失绿，有的叶片向上卷。缺硼植株的花小，授粉和结实率降低，果小，果实畸形或呈瘤状。种子多。有的果顶与萼片之间露出白色果肉，果实品质差，严重影响产量。

防治方法是增施有机肥料。有机肥中营养元素较为齐全，尤其要多施用腐熟厩肥，厩肥中含硼较多，而且可使土壤肥沃，增强土壤保水能力，缓解干旱危害，促进根系扩展，增加植株对硼的吸收。还应在基肥中适当增施含硼肥料。出现缺硼症状时，应及时叶面喷布 0.1% ～ 0.2% 硼砂溶液，7 ～ 10 天一次，连喷 2 ～ 3 次。由于草莓对过量硼比较敏感，所以花期喷施浓度应适当降低，也可每亩撒施或随水追施硼砂 0.5 ～ 0.8 千克。此外，保证植株的水分供应，适时浇水，可提高土壤可溶性硼含量，以利植株吸收，防止土壤干旱或过湿，影响根系对硼的吸收。

32. 草莓重茬障碍有哪些表现？

重茬是草莓种植过程中一个突出的问题，主要田间表现为株高下降，叶片数减少，生物量下降，生育期延迟，死苗率上升，病害重，易早衰，品质差，产量低（彩图 21）。有句俗语"一年好，二年平，到了三年就不行"，很形象地描述了这一问题。根据河北满城草莓基地调查，第二年连茬种植草莓地发病率达 82.9%，第三年发病率可达 100%。长安地区调查，重茬地草莓的产出不及新茬地的 1/10，直接影响草莓的经济效益。

33. 造成草莓重茬障碍的主要因素有哪些？

（1）土传病害　连年的重茬种植，造成土壤中积累大量病菌，如疫霉菌、恶疫霉菌、轮枝菌（黑白、大丽）、铲刀菌、丝核菌、腐霉菌、短体线虫、根结线虫等，引起草莓红中柱根腐病、根茎腐病、黄萎病、枯萎病、黑根腐病、线虫病等病害大发生，造成草莓大量死苗。

（2）土壤状况不良（图46）　草莓连年种植，不合理的水肥管理，造成土壤有机质含量降低，土壤微量元素缺乏，碳氮比失衡，肥力下降。连年的种植也使土壤板结，通透性差，出现盐渍化，pH改变，不适宜根系生长。

图46　土壤状况不良

（3）土壤生态失衡　土壤中存在着两大类微生物，一类是对草莓植株生长有益的微生物，另一类是对草莓植株生长有害的微生物。当有益微生物数量多时，草莓植株表现为高度抗病；当有害微生物数量多时，草莓植株表现为易感病。连年种植草莓，导致土壤微生物群发生很大变化，线虫和病原菌大量增殖积累，病虫害发生严重。设施栽培条件下土壤的干湿交替不明显，造成土壤长期处于厌气环境，一些好气性的微生物生长受到抑制，破坏了土壤生物的多样性，微生物种群结构被破坏。加上单一品种的种植，致使草莓根系分泌物产生毒素作用加强，造成土壤微生物生态结构失去平衡，菌类比例发生变化，有益微生物菌群减少。同时由于长期栽培同一品系，长期施用相同或相近的农药，使一些病菌、害虫增强了抗性，药剂的使用效果减弱，病残体和土壤中的病菌不能彻底清除，导致病毒侵染严重，品种退化，抗病能力下降，病虫害发生率升高，根际生态环境恶化。

（4）草莓自毒现象　草莓根系在正常生理代谢中，常分泌一些对自身有害的物质，连作使有害物质逐年积累，致使草莓生长受阻，发育不良，造成减产。

34. 怎样治理草莓重茬障碍？

针对草莓重茬障碍，应当采取多种手段，综合治理技术，从土传病害防治、土壤状况改善、有机质提升、根际生态环境等方面解决，从而让草莓健康生长。

通过引进高有机质含量的外源有机物（如腐熟好的各种厩肥或堆肥），使用土壤酸碱性调理剂，施用长效可控尿素，减少氮在土壤中的积累等措施控制土壤环境。

采用横翻、斜翻、深翻等翻耕方法，在高温季节利用太阳能高温闷棚，进行土壤高温消毒等方法防治连作病害的发生。

应用在土壤中无残留的氯化苦（硝基三氯甲烷）、棉隆（必速灭）等药剂进行土壤熏蒸消毒，可使草莓黄萎病、炭疽病和地下害虫的危害得到有效的控制，使草莓明显增产。

通过土壤根际微生物分离得到病原菌和病原菌的拮抗菌，加工成含有病原菌拮抗菌的生物制剂防止重茬障碍的发生。这种方法在老草莓主产区使用，效果非常好。

35. 常用土壤熏蒸剂有哪些？

（1）氯化苦　一种多用途、高效、广谱、具有警戒性、无残留的土壤熏蒸剂。目前在农业领域广泛应用，主要用于土壤熏蒸消毒，能防治真菌、细菌、线虫等土传病害。

（2）棉隆　一种高效、低毒、无残留的环保型广谱性综合土壤熏蒸消毒剂。具有熏蒸作用，在土壤中分解出异硫氰酸甲酯、甲醛和硫化氢，兼治真菌、地下害虫和杂草。

36. 氯化苦熏蒸有什么要求？

（1）田地选择　选择土传病害比较严重的地块。避免选择土质较黏通透性较差地块，下坡和低洼处，或者相邻地块有处于生长期的作物。

（2）前期准备　清除前茬作物的残渣，全层施入充分腐熟农家肥或其他肥料，深翻土壤30～40厘米，整细、耙平。保证土壤含水量达到60％左右，以手握成团、松开落地即散为准，过干过湿均会影响熏蒸效果。

（3）施药时间　一般于作物定植前30天左右，避开连雨天施药。适宜土温15～20℃。

37. 怎样进行氯化苦熏蒸？

备好药剂、设备、地膜，经过培训、佩戴好防护用具的施药人员。施药时要站在上风头。将氯化苦注入土中，注入间隔 30 厘米，深度 15～20 厘米注入量30～33千克／亩，注入后立即堵实穴孔，马上用 0.04mm 以上塑料膜覆盖，周围用土压好进行密封（图47）。推荐使用原生膜，不推荐使用再生膜。覆盖时间为 25～30℃ 7～10天，15～25℃ 10～15天，5～10℃ 20～30天。

图47　施药覆膜

到期揭除覆膜，弃掉压膜土。翻耕土壤排气 4～7 天，土壤中残留药液气体排尽，无药害产生，才可以大面积定植作物。

38. 怎样使用棉隆对土壤进行消毒？

清洁田园，清除残留物，疏松土壤 30 厘米，并保持土壤湿度在 60％～70％，腐熟的农家粪肥提前施入，土温在 12℃ 以上。人工或机械将棉隆均匀撒在土表，用旋耕机将土和药充分混匀。如果混药后土壤过干，需要补水，让土壤相对湿度达 60％～70％。用厚度不低于 0.04mm 的原生膜将整块地盖起来，四周压实，密闭防止漏气（图48）。根据气温密闭15～30天左右，气温高可以缩短时间。密闭结束后，先将四周膜打开个口子，让气体跑一段时间后，再将塑料膜整个揭掉，通风7～15天左右，用旋耕机再耙一遍加速气体逃逸。

整地　　　　　　　　　　混药

覆膜

图48　棉隆施药

在施药处理的土层内随机取土样，装半玻璃瓶，在瓶内放粘有小白菜种子的湿润棉花团，然后立即密封瓶口，放在温暖的室内48小时，同时取未施药的土壤做对照，做发芽测试（图49）。如果施药处理的土壤有抑制发芽的情况，则应再松土通气。几天后用同样的方法再试，确定土壤中不再有棉隆气体后才可以栽种作物。

图49 发芽测试

39. 其他综合治理重茬障碍的措施

（1）土壤性状调理与生态修复 增施有机肥，补充有益菌，可以增加土壤有机质，调节碳氮比，提升土壤中微生物的活性。通过引入有益微生物，抑制有害生物积累。通过微生物的代谢活动，降低土壤盐渍化程度，提升肥力，改善土壤的团粒结构，形成良好的根际生态环境，促进根系生长，减少草莓的自毒分泌物的影响。

（2）选用优质无毒种苗 种苗质量差，尤其是裸根苗，带病多，进地后不仅污染了土地，而且容易死苗，造成发病重，经济损失严重。同时，杂乱无序的种苗调运也加大了病虫害的传播，增加了危害风险。选用优质种苗可以事半功倍，应在生产中大力推广工厂化脱毒育苗技术，确保种苗品种纯正，健壮整齐，活力强，易成活。尤其是穴盘苗，易运输，质量好，带病少，易定植，好成活，产量高，应大力推广应用。选用合适的药剂，进行种苗根部处理，确保定植后不受土壤中有害病菌和害虫的危害，还可以在种苗转运定植过程中对根部伤口起到保护作用，减少病菌侵入，促根壮苗。

（3）实行水肥一体化管理 合理的水肥管理，可以节省成本，还可以减少对土壤的破坏，减少土壤过多的肥料残留造成盐渍化，土壤板结。推广水肥一体化，按需定时定量供给。

（4）保持田园清洁卫生 草莓生产过程中，要减少病原菌的带入，清意保持卫生，防止大水漫灌，做好排水工作，注意机械农具的清洁，防止交叉感染。像根结线虫在田内大面积发生，主要是没有做好田间卫生管理，人为的传播加快了线虫扩散速度，从而增加线虫病发生的风险。

40. 重茬治理效果实例（图50）

对照田：定植1个月后田间状况，杂草多（重茬2年）

处理田：定植1个月后田间状况（重茬7年）

对照田：12月11日田间状况（重茬2年）

处理田：12月11日田间状况（重茬7年）

图50　治理实例效果对照

七、草莓采收及采后处理

1. 如何采收草莓?

坚持清晨采收。气温低时果皮较坚硬，太阳出来后大棚内气温升高，果皮变软，采收过程中容易受伤，因此不能保鲜，所以要力争做到太阳光照到大棚时基本结束采果作业。为提高草莓的商品价值，要适时采收，根据不同品种的成熟本色和特征掌握果实采摘期。长途运输果实，其成熟度可在七八成熟（果面2/3着色）时，市场鲜销草莓果实成熟度应在九成熟。用指甲掐断果柄，留柄宜短，勿伤及萼片及果面，轻采轻放。盛放容器壁要光滑柔软，避免机械损伤。

尽量使用草莓专用收获箱。箱底垫上薄海绵泡沫塑料，箱内果实堆放高度不超过两层草莓，以防压损。

2. 草莓采收后如何分级?

草莓采收时随采随分级。分级标准：特等品，果实完整，新鲜洁净，无刺伤，单果重不低于20克。一等品，果形正常，新鲜洁净，无刺伤，单果重在15克以上。二等品，果形稍不整齐，无畸形果，单果重8克以上。

3. 草莓鲜果是否需要包装? 如何包装?

草莓为高级果品，又是浆果，所以应该搞好包装工作。

草莓的包装要以小包装为基础，大小包装配套。设施内采收的草莓商品档次高，必须包装精致。建议小塑料盒规格为120毫米×75毫米×25毫米，每盒装果150克左右。然后再把小包装装入纸箱内。纸箱规格为400毫米×300毫米×102毫米，每箱装32个小包装。

同批货物的包装标志在形式和内容上应统一。每一包装上应标明产品名称、产地、采摘日期、生产单位和经销单位名称，标志上的字迹应清晰、完整、准确。对已获准使用无公害食品标志的，可在其产品或包装上加贴无公害食品标志。

内包装采用符合食品卫生要求的塑料小包装盒。外包装箱应坚固抗压，清洁卫生，干燥无异味，对产品具有良好的保护作用，有通风气孔。

应按同品种、同规格分别包装。每批报验的草莓包装规格、质量应一致。

4. 草莓储藏的方法有哪些？草莓如何储藏？

草莓浆果芳香味美，柔软多汁不耐储运，但它可以采用现代保存食品最科学的速冻保鲜法进行储藏。

（1）药物储藏保鲜

● 植酸法。植酸是从米糠或小麦麸皮中提取的一种天然无毒食品抗氧化剂，用于草莓保鲜，可以延缓果实中维生素的降解，保持果实中可溶性固形物和含酸量。但抑菌作用弱，所以须与其他药剂配合使用，比如用0.1%～0.15%植酸、0.05%～0.1%山梨酸与0.1%过氧乙酸混合处理草莓，常温下能保鲜7天，低温冷藏可保鲜15天，好果率达90%～95%。

● 二氧化硫法。将草莓放入带盖塑料盒中，分别放入1～2袋二氧化硫慢性释放剂，并使药剂与草莓保持一定距离，使二氧化硫在果实间均匀扩散，以免直接以较高浓度接触草莓而使果实变白变软，失去食用价值和商品价值。

（2）气调储藏 控制储藏环境的氧和二氧化碳浓度，可降低草莓的呼吸作用和其他代谢活动，同时可抑制真菌的繁殖，控制其腐烂。一般草莓气调储藏适宜的条件为，温度0～1℃，相对湿度85%～95%，氧含量3%，二氧化碳含量3%～6%，氮含量91%～94%。方法是把装有草莓的果盘用聚乙烯薄膜袋（备有通气口）套好，扎紧袋口，采用储气瓶等设备控制袋内气体组成达到以上要求，密封后放在窖内或自然通风库或冷库中架藏。每隔7天左右打开袋口检查，如无腐烂变质，再封口继续冷藏。

（3）涂膜保鲜 是近几年发展起来的保鲜技术。在选择涂膜剂时，要注意涂膜剂必须无毒、无异味，与水果接触后不产生有毒的物质。在草莓保鲜中使用较多、效果较好的是壳聚糖膜。涂膜保鲜抑制了果实内外的气体交换，降低了呼吸强度，减少了水分的蒸发，抑制了暴露于空气时的氧化作用，防止了微生物的侵害。

（4）减压储藏　是把储藏场所的气压降至10.132 5千帕，甚至更低，可达到低氧和超低氧的效果，起到与气调储藏相同的作用。

（5）辐照保鲜　就是用钴-60放射出来的γ射线照射水果，达到储藏保鲜的目的。辐照后的水果由于生命活动受到抑制，处于休眠状态，所以能保持正常的水分和营养。但要注意在辐照过程中控制γ射线的剂量，剂量大了会破坏食品，剂量小了不起作用。一般用2 000戈瑞剂量的照射后，0～1℃下冷藏，储藏期达40天，可明显降低草莓果实的霉菌数量（约减少90%），且对营养成分无影响。

（6）缸藏　将刚采摘下来的草莓果实小心放入坛缸之类的容器中，用塑料薄膜封口，置于通风阴凉的室内，或埋于屋后背阴凉爽的地方，能适当延长保鲜时间，此法适宜农户少量储藏草莓。

5. 如何对储藏库进行消毒?

储藏库消毒常用消毒剂主要有以下几种。

（1）乳酸　是澄清无色或黄色浆状液体，无臭、味酸，对细菌、真菌和病毒均有杀灭或抑制作用。使用时，将80%～90%的乳酸溶液和水等量混合，按每立方米库容用1毫升乳酸的比例，将混合液放于瓷盆内，于电炉上加热，待溶液蒸发完后，关闭电炉。闭门熏蒸6～24小时，然后开库使用。

（2）过氧乙酸　过氧乙酸为无色透明酸性液体，腐蚀性较强，使用分解后无残留，能快速杀灭细菌和霉菌。使用时，将20%的过氧乙酸按每立方米库容用5～10毫升的比例，放于容器内，于电炉上加热促使其挥发熏蒸；或按以上比例配成1%的水溶液全面喷雾。因过氧乙酸有腐蚀性，使用时应注意器械、冷风机和人体的防护。

（3）漂白粉　白色或淡黄色粉末，有味，具强腐蚀性，稍溶于水，在水中易分解产生新生氧和氯气均可灭菌。使用时，将含有效氯25%～30%的漂白粉配成10%的溶液，用上清液按库容每立方米40毫升的用量喷雾。使用时注意防护，用后库房必须通风换气除味。

（4）福尔马林　是甲醛的水溶液，含甲醛不少于36％，弱酸性，不稳定，长期存放能发生聚合反应，生成多聚甲醛的白色沉淀，但加热后能解聚。福尔马林杀菌力很强，尤其是对真菌的孢子杀伤力较强。使用时，按每立方米库容用15毫升福尔马林的比例，将福尔马林放入适量高锰酸钾或生石灰，稍加些水，待发生气体时，将库门密闭熏蒸6~12小时。开库通风换气后方可使用库房。

6. 草莓储藏保鲜时如何对其进行预冷处理？

草莓收获后应尽快放进冷库预冷，数量大时要做到边收获边入库。收获时如草莓果实温度达15℃左右，一般要在预冷库内放置2小时以上，才能降到5℃左右。如草莓果实温度达20℃左右，则要在预冷库放置2~4小时。预冷一般分为自然预冷和人工预冷，人工预冷中有冰接触预冷、风冷、水和真空预冷等方式，生产中以自降温冷却和冷库空气冷却应用较多。无论采取哪种方式预冷，都要掌握适当的预冷温度和速度。为了提高冷却效果，要及时冷却和快速冷却，冷却的最终温度在0℃左右。草莓冰点处于 -1.08 ~ -0.85℃，所以冷却的最终温度不能低于 -0.85℃。

7. 草莓储藏库对库内环境因子有什么要求？

库内相对湿度要保持在90％以上，温度保持5℃左右，不要降至3℃以下。4~5月气温升高，库内温度则可维持在7~8℃，适当提高温度可减少草莓装盒时结露。入库后2小时尽量不开闭库门。

8. 草莓运输有什么要求？

草莓运输应采用符合国标的瓦楞纸箱包装，箱侧面有通气孔，箱规格可分为2.5千克、5千克、7.5千克和10千克。草莓小包装可用透明PVC盒，规格为0.1千克、0.25千克、0.5千克。系好标签并注明产地、品种、等级和重量，实行品牌上市。草莓运输中应轻装轻放，防止碰撞和挤压，运输工具必须整洁，并有防日晒、防冻和防雨淋的设施。

9. 草莓运输时如何减少损失？

出库时，检查草莓果温度是否达5℃左右。出库装车后要注意覆盖保温，避免阳光直接照射，有条件的最好用保温车或冷藏车运输。此外，可采取用高锰酸钾水清洗，草莓清洗后用0.05％高锰酸钾水溶液漂洗30～60秒，再用清水漂洗后沥去水分。

10. 草莓运输有哪些方式？

草莓最好用冷藏车运输，如用带篷卡车在清晨或傍晚气温较低时装卸和运行，运输中要采用小纸箱包装，最好内垫塑料薄膜袋，充入10％的二氧化碳。草莓运输中应轻装轻放，防止碰撞和挤压。运输工具必须整洁，并有防日晒、防冻和防雨淋的设施。

11. 目前草莓运输时常用的保鲜手段有哪些？各有什么特点？

（1）气调包装　是一种新型的包装保鲜技术，其原理是先抽真空，然后充入有二氧化碳、氧气、氮气组成的混合气体，通过人为改变气体成分来降低氧气的含量，降低草莓的呼吸强度，抑制微生物的生长繁殖，降低化学反应的速度，以达到在储藏与运输草莓过程中延长保鲜期限和提高保鲜效果的目的。

（2）冷冻保鲜　是人们普遍采用的技术措施。低温能抑制草莓的呼吸，延缓成熟衰老和抑制微生物的活动，低温能抑制脱落酸和乙烯的生成。但过低的温度能引起低温伤害。近冰点温度明显地抑制草莓的呼吸作用，在-1.0℃下储藏草莓30天，取得较好的效果，但-3.0℃下放置4天则发生冻害。

（3）化学保鲜　是通过在草莓表面涂抹一定的化学保鲜剂，因其具有延缓果实衰老、防腐杀菌、降低呼吸强度和减缓水分蒸发等效果，价格低廉，使用十分方便。目前，在我国果蔬储藏保鲜中被广泛推广使用，成为许多果蔬采后、储藏前或储藏中的重要处理手段。

（4）调压技术储藏保鲜　是将草莓储藏在密闭的容器内，抽出部分空气，使内部气压降到一定程度后，新鲜空气不断通过压力调节器和加湿机器后，变成近似饱和湿度的空气进入储藏室，从而去除田间热、呼吸热和代谢产生的乙烯、二氧化碳、乙醇、乙醛等不利因子，使储藏物品长期处于最佳休眠状态。此种储藏方法能够降低草莓的呼吸强度和乙烯产生速度，阻止衰老和减少草莓的生理病害。

（5）气调冷藏车（气调集装箱）　果蔬气调冷藏保鲜是目前国际上普遍采用的技术之一。它是利用车内制氮、加湿装置及二氧化碳排除系统，建立适宜的低温、低氧条件，及时排出冷藏车内部的二氧化碳和湿度，达到理想的环境条件，有效抑制草莓果实的呼吸、蒸发与微生物作用，达到推迟衰老变质的保鲜效果。

八、草莓安全生产、标准化生产及营销

1. 草莓安全生产及标准化生产对产地有什么要求?

（参照《无公害农产品　种植业产地环境条件》（NY/T 5010—2016）

（1）产地环境空气质量　总悬浮颗粒物（标准状态）≤0.3毫克/米³（日平均），氟化物（标准状态）≤7微克/米³（日平均）。

（2）产地环境灌溉水质量　pH 5.5～8.5，化学需氧量≤40毫克/升，总汞≤0.001毫克/升，总镉≤0.005毫克/升，总砷≤0.05毫克/升，总铅≤0.10毫克/升，铬（六价）≤0.1毫克/升，氟化物（以氟计）≤3.0毫克/升，氰化物（以氰计）≤0.50毫克/升，石油类≤0.5毫克/升，挥发酚≤1.0毫克/升，粪大肠杆菌群数≤10 000个/升。

（3）产地土壤环境质量

总镉：pH≤7.5时，≤0.30毫克/千克；pH≥7.5时，≤0.60毫克/千克。

总汞：pH≤6.5时，≤0.30毫克/千克；7.5≥pH≥6.5时，≤0.50毫克/千克；pH＞7.5时，≤1.0毫克/千克。

总砷：pH≤6.5时，≤40毫克/千克；7.5≥pH≥6.5时，≤30毫克/千克；pH＞7.5时，≤25毫克/千克。

总铅：pH≤6.5时，≤250毫克/千克；7.5≥pH≥6.5时，≤300毫克/千克；pH＞7.5时，≤350毫克/千克。

总铬：pH≤6.5时，≤150毫克/千克；7.5≥pH≥6.5时，≤200毫克/千克；pH＞7.5时，≤250毫克/千克。

2. 优质草莓质量安全要求有哪些规定?

推广标准化生产，强化农业防治，尽量通过温湿度调控、肥水管理、打叶疏果等措施，增强植株抗性。积极推广以螨治螨、杀虫灯、色板诱杀等草莓病虫害绿色防控措施。督促草莓种植户按规定建立生产记录、农业投入品使用记录和产品销售台账。广泛宣传国家有关法律法规和禁限用农药危害，提高草莓生产主体的质量安全责任意识。开展草莓质量安全专项抽检，重点监测农业龙头企业、农民专业合作社草莓生产。同时，加强草莓生产日常监管，并以生产企业、专业合作社和种植大户为重点，开展日常质量安全监督巡查。

3. 无公害草莓的质量标准

（1）感官要求　果实新鲜洁净，无尘埃泥土，无外来水分；无萎蔫变色、腐烂、霉变、异味、病虫害、明显碾压伤；无汁液浸出。

（2）卫生要求　无公害草莓的卫生要求，应该符合下表的规定。

无公害草莓卫生指标要求　　　　　（单位：毫克/千克）

项目	指标	项目	指标
乐果	≤ 1.0	砷（以 As 计）	≤ 0.5
辛硫磷	≤ 0.05	汞（以 Hg 计）	≤ 0.01
杀螟硫磷	≤ 0.5	铅（以 Pb 计）	≤ 0.2
氰戊菊酯	≤ 1.0	镉（以 Cd 计）	≤ 0.03
多菌灵	≤ 0.5		

注：凡国家规定禁用的农药，不得检出。

4. 无公害草莓的质量认证

为加强无公害草莓的规范化管理，维护其产品信誉，保护消费者身体健康，促进无公害草莓规范化生产，确保其产品加工、包装标准化和质量安全，需要对无公害草莓进行申请和认定。

凡具备无公害草莓生产条件的单位或个人，均可以通过当地有关部门向省级无公害农产品管理办公室申请无公害农产品标志和证书。申请者按要求填写无公害农产品申请书、申请单位或个人基本情况及生产情况调查表、产品注册商标文本复印件及当地农业环境保护检测机构出具的初审合格证书。

省级无公害农产品管理部门，在认为申请基本条件合乎要求后，委托省级农业环境保护监测机构对草莓产品质量及产地环境条件进行检测，出具环境条件和产品质量评估报告。

省级无公害农产品管理部门根据评价报告和上报材料进行终审。终审合格的，由省级无公害农产品管理部门颁发无公害农产品认证证书，并向社会公告。同时，与生产者签订无公害农产品标志使用协议书，授权企业或个人使用无公害农产品标志。

无公害农产品标志和认证证书有效期为 3 年。期满需要继续使用的，应当在有效期满 90 日前按照《无公害农产品标志管理方法》规定的无公害农产品认证程序，重新办理。

使用无公害农产品标志的单位或个人，必须严格履行无公害农产品标志使用协议书，并接受环境和质量检测部门进行的定期抽检。

取得无公害农产品标志的生产单位和个人，应在产品说明或包装上标注无公害农产品标志、批准文号、产地、生产单位等。标志上的字迹应清晰、完整、准确。

5. 草莓营销策略有哪些？

根据果品品质，走中高端销售路线，鲜果在专卖店进行定价销售。与食品加工企业合作，制成草莓酱、草莓汁、草莓酒等精深加工产品，提高产品附加值。培养草莓盆栽和盆景，单独销售。

6. 优质草莓产业化生产经营的模式有哪些？

推行"市场牵龙头、龙头带基地、基地联农户"的经营模式，通过土地入股、大棚租赁、管理提成等多种形式建起合作组织，推广无公害草莓种植技术，逐步实现种植规模化、生产标准化、处理商品化、销售品牌化、经营产业化，全面提升草莓产品质量和经济效益。在此基础上，以旅游产业发展为契机，大力开展草莓采摘生态游，在元旦、春节、清明节、五一、十一等节假日，把草莓种植基地打造成市民农业休闲首选地。

九、创意农业简介

1. 什么是创意农业?

创意农业是将各类科学技术和人文要素融入农业生产各环节中,进一步拓展农业生产要素的功能,把传统农业发展为融生产、生活、生态为一体的现代农业形式。

2. 创意农业的特点

创意农业是将创意产业的创新技术、知识和文化与农业生产或农业服务相融合,呈现出概念化、智能化和特色化等特点,是创意产业、农业生产和科技服务等多学科、多技术和多文化的相互交叉、相互渗透的结果。

3. 创意农业的核心

农业产业有创意才有优势,有优势才有价值。创意农业以文化创意为核心,是文化与技术相互交融、集成创新的产物。在现代科学技术支撑下,通过与文化、教育和旅游等其他产业融合,对传统农业进行二次开发,通过扩大传统农业的内涵和外延,提高农业产业的附加值。

4. 创意农业的必要性

(1)农业产业的发展资源和空间限制 目前,中国人均土地自然资源数量有限,质量不高,山地多,平地少,空间和资源约束越发凸显,而可利用的农业耕地面积逐渐减少,统筹安排现代农业大规模生产的难度越来越大,迫切需要引入其他元素,促进传统农业的进一步升级发展。

（2）农业生产成本居高不下的需求　在现代农业生产中，农业生产设施、农业物质资料投入和劳动力资源成本等逐年攀升，往往出现农产品成本增长高于收入增长的现象，严重限制了农业产业的健康发展，如何控制和压缩农业生产成本所占份额，是提高农业生产效率和效益的迫切需要。

（3）农产品供应与销售脱节　在农业产品营销环节中，受销售环境限制，大部分利润流入销售一线，农产品田间销售受到压缩。调整农产品供应与销售环节的利润分配，防止农业生产与销售的脱节问题，需要从创意农业入手增加农业生产所获利润的比例。

5. 为什么要发展创意农业？

传统的农业生产以自然资源的过度消耗为基础，而创意农业核心是农产品的文化创意。其生产关键要素是将文化创意和科学技术融入农业生产，提高农产品或服务的特色化与个性化，增加普通农产品和服务的科技和文化知识附加值，促进农业产业持续、健康的发展。

6. 创意农业能改变什么？

创意农业能将传统的农业生产与文化、艺术等多种形式结合，丰富农业、农副产品的文化内涵，如辽宁省沈阳市沈北新区的稻梦空间、沈阳市贴字苹果、辽宁省东港市北井子镇徐坨子田野主题公园等。通过与各类艺术形式相结合，大大提高了农业及其产品的艺术性和个性，使农业逐渐变为"大美农业"，给生产者和消费者带来更多感官刺激，增加欣赏和消费农产品的欲望。

7. 创意与农业的关系怎样？

在创意与农业融合发展过程中，以农业生产环节为基础，文化、艺术等创意活动为核心。农业生产是文化创意的平台载体，创意活动则赋予传统农业生产以新的辅助资源，重新构思开发传统农业生产的新格局，包括重新设计农业生产过程，重新包装传统农副产品的外观，突出区别传统产品的独创性，以开拓农业生产新市场。

8. 创意农业具有什么功能？

创意农业以农业生产为基础，文化创意为手段，能赋予农业生产新的形式与功能。

（1）文化功能　创意灵感在农业中物化，可展现出农业生产或产品的特色化、智能化、艺术化、个性化，所以创意农业具有较高的文化品位，从而满足人们物质难以带来的精神层面需求。

（2）教育功能　对广大城市消费者群体而言，创意农业消费过程也是学习农业知识与体验农业生产的教育过程，通过对农村生活的体验，有利于培育年轻一代的节约意识和环保意识，可激发城市要素向农村的流入。

（3）休闲功能　创意农业的发展，优化了农业布局，既是效益的叠加，又是观赏性的增强，实现了农业经营的延伸，循环农业创意和农业科技文化旅游，可成为旅游经济发展的亮点。

（4）社会功能　创意农业增加了农产品的附加值，使农民生活有了必要的物质保障，可进一步改善农村环境，促进城乡产业融合和城乡一体化，完善基础设施，缩小城乡差距，推动新农村建设。

9. 创意农业的主要类型有哪些？

（1）观光园　适宜城市近郊风景区的特色果园，让游客入内摘果、欣赏景色、享受田园乐趣。

（2）农业公园　将农业生产场所、农产品消费场所和休闲旅游场结合为一体，一般包括服务区、景观区、采摘区、活动区等，综合性较高。

（3）教育公园　兼顾农业生产与科普教育功能的农业经营形态，结合农业科技示范、生态农业示范、传授游客农业知识等进行创新。

（4）民俗观光村　在具有地方或民族特色的农村地域，利用其特有的文化民俗风情，提供农舍或乡村旅店之类的休憩场所，结合乡土风情、民间文化与土方习俗的创新类型。

（5）农业科技园　农业旅游与农业科技展示、农产品开发相结合，将观光与农业科技、农产品营销相结合，展现现代科学技术，生产高质量的农业产品。

10. 采摘园的优势在哪里?

传统的种植园在采摘、冷藏、运输、销售等各个环节，要投入很大的运行成本。而观光采摘园，游客可以进行采摘、购买、加工体验等。这不仅促进了农作物的销售，而且给园区经营管理者节约了大量人工成本，提高了园区经济效益。

11. 采摘园包括哪些常见规划形式?

采摘园常见景点规划

园区	景点	特色
观光采摘区	特色果园	种植多种水果，多季节观光休闲采摘，减缓季节限制
	生态农业大棚	在大棚内营造小气候环境，开展多种种植与养殖
	绿色生态长廊	利用具有攀缘特性的藤本瓜果营造绿色长廊
民俗生态区	生态餐厅	玻璃结构，具有良好的透光效果，打造生态就餐环境
	农家庄院	提供具有地方特色的农家特色餐饮及接待住宿
	民俗体验	自己动手进行手工劳作，工艺制作
	绿色农产品超市	配合停车场地，方便游客购买无公害绿色农产品
科普教育区	科技观光园	参观各种花卉、盆栽、奇特苗木、育苗基地等
	生态恢复区	改造废弃地块，强化植树造林，学习果树识别栽培知识

12. 采摘园的设计原则是什么?

（1）生态原则　重视环境的治理，创造园区恬静、适宜、自然的生产生活环境。

（2）经济性原则　将经济生产融入园区建设，同时注重在非采摘季节吸引游人，更好地提高经济效益。

（3）突出特色原则　愈有特色竞争力和发展力就会愈强，明确资源特色，选准突破口，使景观规划更直接地为园区服务。

（4）多样性原则 无论是观光旅游还是专题旅游，都要为旅游者提供多种自由选择的机会。在时间选取、消费水平、旅游路线、游览方式、品种选择等方面，具备多种方案以供选择，突出资源配置多样性，面对更广用户群。

13. 采摘园的道路设计需要注意什么？

采摘园作为一种结合了园林的农业形式，除需要必备的作业道以外，还需结合观光功能的独特性，进行有针对性的设计，因地制宜，统一规划，层次分明，涵盖园区主环道、园区次干道、游览步行道、作业专用道等多种功能型道路。

14. 传统农业转型采摘园有什么需要特别注意？

（1）儿童安全性分析 由于采摘园大部分客源是青少年儿童，儿童游戏设施可为农园添色，但游戏器械应具备安全性，又兼顾美观。同时注意台阶高度、池塘坡度、用药期毒性等安全隐患。

（2）光照、声音、气味环境分析 具备良好光照的开放性区域与半封闭或封闭的安静休息区，注意结合"花香"、"果香"、"泥土香"等气味的利用，也要注意如有机肥的臭味等不良气味的影响。

（3）服务设施需求分析 园区一般具有多条路线和多个出入口，为避免在其中迷失，整个园区要有清楚的标识系统，标明道路、设施、出入口、公共厕所、警告标示、求助信息等。

15. 目前大多数采摘园存在什么问题？

（1）缺少规划设计 大多数是原果园改成的采摘园，没有优雅的环境景观，即使有规划设计但缺乏美观性，缺少建筑、小品、园路、植被的协调规划。

（2）产业规模小，经营模式单一 大多采摘园规模较小，参与的活动只是单一的采摘，游客参与的项目少，缺少休闲氛围。

（3）果品质量缺乏统一管理 大多数个体农户是独立经营，采摘的果品没有统一的质量标准和无公害检测合格证。

（4）服务意识不足 在拓展采摘园的观赏旅游功能的环节中，没有统一的行业标准和服务要求规定，造成服务水平滞后于人们的需求。

16. 采摘园消费群体目标市场如何选择?

年龄方面以 25 ～ 45 岁居民为主要市场,其次是 45 ～ 60 岁消费群体。在收入方面以中等收入阶层和高收入阶层为主要市场,特别是有车族。在消费类型上以休闲观光采摘为主要市场,科普实践为辅。

17. 行业内有哪些成功案例?

案例一 建德红群草莓专业合作社,成立于 2008 年,种植面积 2 000 亩,固定资产总值 825 万元,年销售收入达 1 677 万元,实现年利润 168 万元。

案例二 瑞正园农庄,位于具有深厚文化积淀的漕运古镇张家湾,总投资 5 亿多元,占地 2 100 多亩,有机蔬果 40 多个品种,国家五星级休闲观光示范园区。2013 年,瑞正园农庄与北京市草莓工程技术研究中心共同研发的"红袖添香"草莓获得全国精品草莓擂台大赛第一名。同年,成功举办第八届中国草莓文化节,进一步巩固了其中国草莓产业种苗繁育基地的地位。

案例分析:

(1)独特的自然地理条件 红群草莓专业合作社位于千岛湖下游,距新安江城区 12 千米。交通优势非常显著,杭新景高速使建德与杭州车程仅为 1 小时。

瑞正园农庄位于张家湾镇小耕垡村,地铁八通线下站乘公交即可直达。

(2)适宜的气候类型 红群草莓专业合作社位于浙江省杭州西郊淳安县,属亚热带季风气候区,温暖湿润,四季分明,气候宜人。年平均气温 16.9℃,雨量充沛,年平均降水量 1 561.8 毫米。日照年平均 1 940 小时,无霜期 254 天。

瑞正园农庄位于北京市通州区东部,处于暖温带大陆性半湿润季风型气候区,形成了夏季炎热多雨而冬季寒冷干燥的气候特征,四季分明,年平均温度 11.3℃,年平均降水量 620 毫米左右。

(3)优越的旅游资源 红群草莓专业合作社位于杭州千岛湖下游,千岛湖景区是继西湖之后杭州地区第二个 5A 级旅游景区,总面积为 982 平方千米,也是中国面积最大的森林公园。千岛湖年接待游客 500 多万人次。

瑞正庄园位置紧邻首都经济中心,位于北京市东南部,京杭大运河北端。西临朝阳区,北与顺义区接壤,东隔潮白河与河北省三河市相连,南和天津市交界。常住人口 109 万人，是重要的交通运输枢纽。

（4）明确的思路与定位　红群草莓专业合作社以"乐活草莓·点亮建德"为主题，结合主题乐园、创意产品、科普教育、休闲餐饮等，打造全国首个草莓文化创意产业园。在这个草莓文化创意园里，有草莓游乐场、草莓舞台、草莓餐厅、草莓迷宫、草莓生活馆、草莓学堂等多种主题区，同时开辟出草莓休闲广场，供游客休憩放松。

瑞正园农庄自创立之初，企业将目标定位于"用良心品质，铸百年老店"，率先与通州区农业局食品安全科签订农产品生产安全法人责任书，逐级落实签订企业每个部门农产品生产安全协议，责任到人，认真贯彻食品安全法，致力于打造低碳农业示范园，立志用良心品质铸百年老店。瑞正园向消费者提供纯天然有机食品和绿色无公害食品，引领安全优质的高品质生活。农庄拥有来自宝岛台湾及本土的专业有机种植团队，专业化的呼叫中心和冷链配送车队。

18. 生产性农业如何向采摘园转变？

（1）园区内修建干道　园区主干道是游客进入温室采摘的必经之路，要平整，洁净，坚实，美观。

（2）丰富品种栽植　早、中、晚熟品种搭配，尽量延长采摘时间，可配合温室发挥作用。

（3）扩大园区影响　要突出节假日，充分配合游客，特别是游客团队。

（4）生产过程生态化　游客极为关注采摘产品的安全性，因此，园区要上升到无公害标准化生产，在病虫害防治上多采用黄板、性诱剂、生物农药等措施，严格把控农药残留的影响期。

（5）改善生产环境，重点加强服务质量建设

19. 国外创意农业如何运作？

（1）帕萨迪纳草莓节　美国得克萨斯州帕萨迪纳市每年都会举办草莓节，每年的草莓节开幕式上都会推出一款"得州码"的巨型酥饼（图51），其中2005年推出的面积达177平方米的草莓酥饼，创下吉尼斯世界纪录。在开幕式上，第一块酥饼以拍卖方式卖出，其余酥饼按每块2美元现场出售，这种拍

卖方式和公益活动吸引了大量游客前来观看和品尝。在为期3天的草莓节上，约1.5万人可分享到巨型草莓酥。

图51　巨型酥饼

（2）玉米迷宫　美国人钟爱玉米。一些农场受英国麦田怪圈的启发，利用玉米创造了一种大人和孩子们都十分热衷的娱乐方式——玉米迷宫（图52）。与一般的休闲娱乐项目不同的是，玉米迷宫利用农业的特性将旅游业与拓展训练巧妙结合，让人们在享受自然风光、农业风情的同时进行娱乐、休闲。走出迷宫需要自己的判断，需要勇气，也需要运气，所以玉米迷宫在娱乐的同时还能起到教育启发的作用。相对于其他迷宫而言，玉米迷宫具有环境创意、迷宫设计、旅游业与农业无缝结合等方面的创意。

图52　玉米迷宫

（3）加利福尼亚半月湾南瓜艺术节　美国加利福尼亚半月湾市盛产南瓜，被称为"世界南瓜之都"。每年万圣节前，收获南瓜后，这里都会举办一年一度的"南瓜艺术节"（图53）。南瓜节内容包括南瓜比赛与摆街、南瓜雕刻、点亮南瓜灯等。比赛设"加州最大南瓜"、"海岸最大南瓜"和"最美南瓜"奖。组委会根据获奖南瓜的重量，给予相应的奖励，以鼓励种植者。

图53　南瓜艺术节场景

20. 国外创意农业对我们有哪些启示？

（1）对农业的依附性　国外通过文化开发和科技手段作支撑，形成创意农业产品（物质产品和精神产品）。

（2）富含创意　增加创意是一种智力劳动，是创意农业的重要特征。创意农业产品凝聚着人的创造力。

（3）高附加值　农业产品融入科技、文化、生态、艺术等要素，不再局限于满足人们的物质需求，更多的是满足人们的精神需求，使农产品附带科技、文化、生态、服务等多重附加值。

（4）产业融合度高　创意与经济和文化等相互交融，兼具多个产业特征，多知识、多学科、多文化和多种技术交叉、渗透辐射和融合后进行统筹规划，集约化生产。

附录一 草莓生产中可以使用的除草剂及使用方法

药名	喷药时间	用药剂量	防除对象	备注
吡氟禾草灵	苗床喷雾	35%乳剂60毫升/亩	稗草、马唐、牛筋草、狗牙根、芦苇、野燕麦、看麦娘、双穗雀稗等	杂草2~3片叶时喷雾
吡氟氯禾灵	苗床喷雾	12.5%乳剂4~6毫升/亩	稗草、马唐、牛筋草、狗牙根、芦苇、野燕麦、看麦娘、双穗雀稗等	杂草2~3片叶时喷雾
甲草胺	苗床喷雾	48%乳剂200~250毫升/亩	稗草、马唐、牛筋草、狗牙根、芦苇、野燕麦、看麦娘、双穗雀稗等	在杂草萌芽前或刚萌芽时定向喷雾，喷后中耕，使药土混合
烯禾啶	喷雾	20%乳油7.5毫升/亩	稗草、马唐、牛筋草、车前、狗尾草、画眉草等	当稗草等杂草3~5叶时，喷雾于茎叶上
氟乐灵	移苗缓苗后喷雾	40%乳油100~200克/亩	稗草、马唐、牛筋草、车前、狗尾草、画眉草等	喷后要及时中耕拌和
精噁唑禾草灵	苗床喷雾	6.9%浓乳剂50毫升/亩	看麦娘、稗草	杂草3~5叶期喷药
除草醚	苗床喷雾	20%微粒剂46.7克/亩	多种1年生双子叶杂草	土壤湿润时喷雾

附录二　草莓生产中禁止使用的农药

农药种类	农药名称	禁用原因
无机砷杀虫剂	砷酸钙、砷酸铅	高毒
有机砷杀菌剂	甲基胂酸锌(稻脚青)、甲基胂酸铵(田安)、福美甲胂、福美胂	高残留
有机锡杀菌剂	薯瘟锡(毒菌锡)、三苯基醋酸锡、三苯基氯化锡、氯化锡	高残留，慢性毒性
有机汞杀菌剂	氯化乙基汞(西力生)、乙酸苯汞(赛力散)	高毒，高残留
有机杂环类	敌枯双	致畸
氟制剂	氟化钙、氟化钠、氟酸酸钠、氟乙酰胺、氟铝酸钠	高毒，易药害
有机氯杀虫剂	DDT、六六六、林丹、艾氏剂、狄氏剂、五氯酚钠、硫丹、三氯杀螨醇	高残留
卤代烷类熏蒸杀虫剂	二溴乙烷、二溴氯丙烷、溴甲烷	致癌，致畸
有机磷杀虫剂	甲拌磷、乙拌磷、久效磷、对硫磷、甲基对硫磷、甲胺磷、治螟磷、磷胺、内吸磷、甲基异硫磷、氧化乐果、灭线磷、硫环磷、蝇毒磷、地虫硫磷、氯唑磷、苯线磷	高毒，高残留
氨基甲酸酯杀虫剂	克百威(呋喃丹)、丁(丙)硫克百威、涕灭威、灭多威	高毒
二甲基甲脒类杀虫杀螨剂	杀虫脒	慢性毒性、致癌
取代苯杀虫菌剂	五氯硝基苯、稻瘟醇(五氯苯甲醇)、苯菌灵(苯莱特)	国外有致癌报道或二次药害
二苯醚类除草剂	除草醚、草枯醚	慢性毒性

附录三 草莓无公害生产中推荐农药及生长调节剂

名称	防治对象	使用浓度(倍)	安全间隔期
15%哒螨灵(哒螨酮)	螨类	1 500	7 天
10%阿维·哒螨	螨类、蚜虫	1 500～2 000	5 天
1%阿维菌素(灭虫灵)	蓟马、夜蛾类、蚜虫	2 000	3 天
2%菜喜(菜甾醇素)	蓟马、夜蛾类、蚜虫	1 000	1 天
3%农不老(啶虫脒)	蓟马、粉虱、蚜虫	3 000	3 天
5%尼索朗(噻螨酮)	螨类	2 000	苗期使用
10%吡虫啉	蓟马、粉虱、蚜虫	3 000	苗期使用
3%虱蚜威(吡虫啉)	蓟马、粉虱、蚜虫	1 500	苗期使用
5.7%百树得(氟氯氰菊酯)	斜纹夜蛾、蚜虫	1 500	苗期使用
20%一熏灵(二甲菌核利)	白粉病、灰霉病等	标准棚/4 个药熏蒸	采前 7 天
3%烯唑醇	白粉病、灰霉病等	2 000～3 000	采前 7 天
硫黄	白粉病、灰霉病等	标准棚/50 克药熏蒸	采前 7 天
80%大生(代森锰锌)	白粉病、灰霉、炭疽病	800	苗期使用
25%使百克(咪鲜胺)	白粉病、灰霉、炭疽病	1 000	采前 3 天
10%多抗灵(多抗霉素)	白粉病、灰霉病等	300	采前 3 天
赤霉素		5～10 毫克/升	
增产菌(芽孢杆菌)		1 000	
细胞分裂素		600	
天然芸薹素(芸薹素内酯)		1 毫克/升	